46억 년 지구의 역사

살아 있는 지구

곽영직 지음

지브레인

46억 년 지구의 역사

살아 있는 지구

ⓒ 곽영직, 2016

초판 1쇄 인쇄일 2016년 11월 17일
초판 1쇄 발행일 2016년 11월 24일

지은이 곽영직
펴낸이 김지영 **펴낸곳** 작은책방
편집 김현주, 백상열
제작 · 관리 김동영 **마케팅** 조명구

출판등록 2001년 7월 3일 제2005-000022호
주소 04047 서울시 마포구 어울마당로 5길 25-10 유카리스티아빌딩 3층
                                                        (구. 서교동 400-16 3층)
전화 (02)2648-7224 **팩스** (02)2654-7696

ISBN 978-89-5979-480-5(04450)
          978-89-5979-483-6(SET)

　물리학과 관련된 책이나 자료 속에서만 생활해오다가 물리학과 다른 분야의 책을 대하는 것은 또 다른 즐거움을 주었다. 지구의 역사에 흥미를 가지게 된 것은 몇 년 전 지구과학과 관련된 책을 번역하고부터였다. 지구과학 책을 번역하면서 우리가 살아가고 있는 지구가 특별한 천체라는 것을 새삼 깨달았다. 그래서 언젠가 시간이 되면 우리 지구가 처음 만들어져서 오늘날 우리가 살아가는 지구의 모습을 하게 되는 과정을 정리해보기로 마음먹었다.

　하지만 전공과 다른 분야의 공부를 다시 시작하는 것은 쉬운 일이 아니었다. 그런데 지난해 건강상의 문제로 한동안 외부 활동이 어려워졌을 때 건강이 회복되기를 기다리면서 그동안 미루어두었던 일을 하기로 했다. 주위에선 불편한 몸으로 컴퓨터나 책과 씨름하는 것이 좋지 않다고 말렸지만 나는 오히려 일에 몰두하는 것이 건강을 회복하는 데 좋을 것이라고 생각했다. 어느 쪽이 건강에 더 좋았는지는 알 수 없지만 지금 건강도 회복되었고, 지구 역사 이야기도 정리되었다. 짧막한 지구 역사 이야기지만 이 책은 오랫동안 미뤄왔던 큰일을 해냈다는 성취감과, 우리가 발 딛고 살아가는 지구와, 지구의 과거 역사를 알게 되었다는 만족감을 느끼게 하기에 충분했다.

　지난 20여 년 동안 물리학을 비롯해 과학사와 관련된 다양한 책들을 출판한 경험이 이 원고도 책으로 만들어보겠다는 용기를 갖게 했다. 어떤 사람들에게는 전문적인 내용을 많이 포함한 두툼한 책보다 지구의 역사를 한눈에 살펴볼 수 있는, 쉽게 손에 잡히는 책이 더 필요할지 모른다는 생각에 아직 부족한 부분이 많음에도 불구하고 책으로 만들기로 했다.

　이 책 제1부와 제2부에서는 우주가 시작된 후 태양계가 형성될 때까지의 과정과 지구의 물리적 상태를 다루었다. 그리고 지구의 역사를 다룬 제3~6부에서는 명왕누대부터 신생대까지를 시대별로 나누어 그 시대에 있었던 지질학적 사건과 생물학적 사건을 정리해놓았다. 복잡한 이야기는 가능한 한 생략하고 간단명료하게 과거 지구에 있었던 일들을 정리해보려고 노력하면서 많은 부분을 덜어내야 했다.

　간혹 조금 긴 이야기 때문에 지루해지는 일이 있더라도 이 책을 다 읽고 난 후에 이 책의 원고를 정리하면서 내가 느꼈던 성취감과 만족감을 독자들도 느낄 수 있으면 좋겠다.

2016년 가을 저자 곽영직

CONTENTS

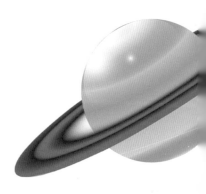

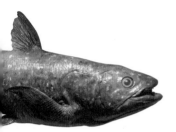

제1부

지구의 탄생

우주는 어떻게 시작되었을까?

(137억 년 전)

1929년 미국의 천문학자 에드윈 허블[1889~1953]과 그의 조수 밀턴 휴메이슨[1891~1972]은 우주가 팽창하고 있다는 증거를 찾아냈다. 그들은 은하에서 오는 빛의 도플러효과를 측정하여 은하가 멀어지는 속도를 알아내고, 은하에서 찾아낸 세페이드 변광성의 주기를 측정하여 별까지의 거리를 계산했다. 그 결과 은하가 멀어지는 속도가 거리에 비례한다는 허블법칙이 발견되었다. 이 법칙은 우주가 팽창하고 있음을 보여주는 것이었다.

허블 이전에도 아인슈타인의 일반상대성이론을 이용해 우주의 구조를 분석한 러시아의 알렉산드르 프리드먼[1888~1925]이나 벨기에의 조르주 르메트르[1894~1966]와 같은 과학자들이 중력이 작용하는 우주는 정지한 상태로 존재할 수 없고 팽창하거나 수축하는 동적인 상태에 있어야 한다고 주장했다.

하지만 그들의 주장은 널리 받아들여지지 않았다. 우주의 구조를 분석하는 기초 이론으로 쓰인 일반상대성이론을 제안한 아인슈타인마저도 이들의 분석 결과를 받아들이지 않았다. 아인슈타인은 그의 중력장 방정식에 우주가 중력에 의한 수축을 이기고 정적인 상태를 유지할 수 있도록 하기 위해 반중력을 나타내는 항인 우주 상수를 도입하기도 했다. 그러나 허블이 망원경 관측을 통해 우주가 팽창하고 있다는 것을 나타내는 허블 법칙을 발견한 후 우주가 팽창하고 있다는 것은 사실로 받아들여졌다. 아인슈타인은 1931년 허블이 천문 관측을 하고 있던 윌슨 산 천문대를 방문하고 기자회견을 통해 우주가 팽창하고 있다는 사실을 받아들인다고 선언했다.

우주가 팽창하고 있다면 과거의 우주는 현재의 우주보다 작

허블 법칙을 발견하는 데 사용한 구경이 100인치
(254cm)인 윌슨 산 망원경 © cc-by-sa-3.0; Ken Spencer.

조지 가모브. 빅뱅 이론을 처음 제안한 알파베타감마 논문에서 앨퍼와 가모브는 알파베타감마 논문이라 부르기 위해 이 연구에 참여하지 않았던 베타를 저자로 저자로 끼워 넣었다.

아야 하고, 따라서 우주의 모든 것이 한 점에 모여 있던 시작점이 있어야 한다. 구소련을 탈출하여 미국에 정착한 조지 가모브[1904~1968]는 제자였던 랠프 앨퍼[1921~2007]와 함께 우주의 초기 상태를 연구하고 1948년 4월 1일 발표된 알파베타감마 논문을 통해 후에 빅뱅우주론이라고 불리게 되는 우주론을 제안했다. 가모브와 앨퍼는 우주의 모든 에너지와 물질이 한 점에 모여 있던 온도와 압력이 높았던 초기 상태의 우주가 급격히 팽창하면서 수소와 헬륨이 형성되는 과정을 설명했다. 그들은 현재 우리가 관측하

는 수소와 헬륨의 대부분이 최초 3분 동안 형성되었다고 주장했다.

빅뱅우주론에 반대하고 우주가 팽창하여 새로 만들어지는 공간에 계속 새로운 물질이 만들어져 전체 우주의 모습은 변하지 않는다는 정상우주론은 영국 케임브리지의 프레드 호일[1915~2001]이 허먼 골디[1919~2005], 토머스 골드[1920~2004]와 함께 1949년에 제안했다. 그 후 오랫동안 빅뱅우주론과 정상우주론은 여러 가지 증거를 제시하며 논쟁을 벌였지만 1964년 벨 연구소의 연구원이었던 아노 펜지어스[1933~]와 로버트 윌슨[1936~]이 빅뱅우주론의 결정적 증거인 우주배경복사를 발견하면서 빅뱅우주론이 널리 받아들여지게 되었다. 그 후 많은 학자들의 이론적 연구와 관측 결과 그리고 입자물리학의 발전으로 빅뱅 후 각 단계에 일어났던 일들을 설명할 수 있게 되었다.

빅뱅우주론에 의하면, 우주는 약 137억 년 전에 한 점에 모여 있던 우주의 모든 물질과 에너지가 갑자기 팽창하면서 시작되었다. 우주 초기에 일어난 일들을 단계적으로 설명하면 다음과 같다.

- **우주의 시작~10^{-43}초**(플랑크 시간): 10^{-43}초는 하이젠베르크의 불확정성원리에 따라 계산된, 물리학이 정의할 수 있는 최소의 시간 단위다. 따라서 플랑크 시간보다 짧은 시간 동안에는 무슨 일이 일어났는지 알 수 있는 방법이 없다. 다시 말해 우주가 시작된 후 10^{-43}까지 일어난 일들은 우리가 알고 있는 물리법칙이 적용되지 않는 단계다.

- **10^{-43}~10^{-35}초**(대통일이론 시대): 우주가 시작되고 10^{-35}초까지는 우주의 온도가 10^{27}도보다 높아 네 가지 기본 힘인 중력, 전자기력, 약력, 강력 중에서 중력을 제외한 나머지 세 가지 힘이 하나의 힘으로 통합되어 있었다. 이 시기를 대통일이론 시대라고 부른다.

- **10^{-35}~10^{-32}초**(인플레이션 단계): 우주는 인플레이션 단계에 지름이 10^{43}배, 부피는 10^{129}배로 팽창했다. 이러한 급팽창은 우주가 상태를 바꾸는

일종의 상전이현상을 통해 에너지를 공급받아 이루어졌다. 이 기간 동안에 강한 핵력이 다른 힘들과 분리되기 시작되었을 것으로 추정된다. 인플레이션의 급속한 팽창은 물질과 에너지를 균일하게 늘려 우주의 어느 한 점의 밀도와 다른 점의 밀도 차이를 10만분의 1보다 작게 만들었다. 상대성이론에 의하면, 우주 공간에서의 모든 속도는 빛의 속도보다 빠를 수 없다. 그러나 우주 공간 자체는 빛보다 빠른 속도로 팽창할 수 있다. 과학자들은 인플레이션 단계에서는 우주가 빛보다 빠른 속도로 팽창했을 것으로 추정하고 있다.

- $10^{-32} \sim 10^{-4}$초(강입자 시대): 분리되어 있던 쿼크들이 결합하여 최초의 강입자가 만들어졌다. 톱 쿼크 두 개와 다운 쿼크 하나가 결합하여 양성자(uud)가 되고 업 쿼크 하나와 다운 쿼크 두 개가 결합하여 중성자(udd)가 만들어졌다. 쿼크로 이루어진 중간자와 중립자를 통틀어 강입자라고 한다. 강입자가 형성된 이 시기를 강입자 시대라고 한다.

- $10^{-4} \sim 1$초(입자와 반입자의 탄생): 우주에 가득하던 에너지에서 입자와 반입자가 만들어졌다. 이때 약한상호작용에서의 대칭성 붕괴로 입자가 반

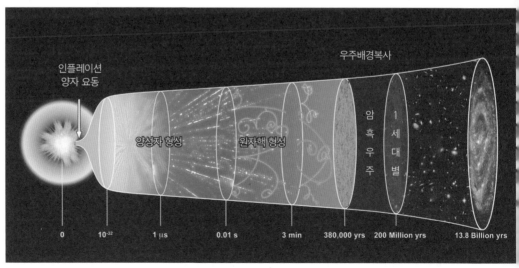

우주의 역사.

입자보다 조금 더 많아지게 되었다. 입자와 반입자 사이의 비대칭은 아주 작아 100억 개의 입자 반입자 쌍이 만들어질 때마다 입자가 하나 더 만들어지는 정도였다. 그러나 이러한 작은 불균형이 우리가 살아가고 있는 물질로 이루어진 우주가 존재할 수 있도록 했다.

- **1초~3분**(원자핵 형성): 우주가 시작되고 1초가 지나자 우주의 온도가 100억℃에서 1억℃까지 내려가 양성자와 중성자가 결합하여 원자핵이 형성될 수 있게 되었다. 이때 형성된 원자핵은 양성자 하나로 이루어진 수소 원자핵이 약 90%, 양성자 두 개와 중성자 두 개로 이루어진 헬륨 원자핵이 약 10%였으며 약간의 중수소와 삼중수소 그리고 리튬 원자핵이 포함되어 있었다.

- **3분~38만 년**(불투명한 플라스마 수프): 우주는 이제 원자핵과 전자 그리고 빛으로 이루어진 수프 상태가 되었다. 우주에는 빛이 가득했지만 한 치 앞도 볼 수 없는 불투명한 우주였다. 빛이 우주 공간을 떠도는 자유전자와 상호작용하여 조금도 앞으로 나아갈 수 없었기 때문이었다. 마치 안개가 자욱한 곳에서 한 치 앞도 볼 수 없는 것과 같았다. 빛이 가득하지만 불투명한 우주는 약 38만 년 동안 계속되었다.

- **38만 년**: 우주의 온도가 3000℃로 낮아져 전자와 원자핵이 결합하여 중성원자를 형성하면서 빛이 전자의 방해를 받지 않고 자유롭게 우주를 달리기 시작하자 우주는 불투명한 우주에서 투명한 우주로 바뀌었다. 이때 우주를 달리기 시작한 빛은 3000℃의 물체가 내는 복사선과 같았다. 가정에서 사용하는 백열전구가 내는 빛과 비슷했을 것이다. 그러나 우주가 팽창하면서 파장이 늘어나 현재는 마이크로파 영역의 전자기파가 되었다. 따라서 우주배경복사는 우주마이크로파배경복사라고도 부른다. 우주배경복사는 우주의 모든 방향에서 오고 있는 전자기파로 우주의 나이

가 38만 년이었을 때의 정보를 가지고 있는 전자기파다.

- **38만 년~4억 년**(암흑의 시대): 우주가 팽창하면서 우주를 가득 채웠던 빛의 파장이 가시광선의 파장보다 길어져 더 이상 눈으로 볼 수 없는 빛이 되었다. 그리고 우주의 온도가 아직 높아 수소와 헬륨 기체들이 중력으로 뭉칠 수 없었기 때문에 우주에는 별들이나 은하가 없었다. 따라서 이 시기의 우주는 캄캄한 암흑 우주였다.

- **4억 년~현재**: 우주의 온도가 충분히 내려가면서 물질이 많이 모여 있던 지점을 중심으로 중력에 의해 수소와 헬륨이 모여들어 1세대 별들을 형성했다. 1세대 별들의 내부에서 핵융합에 의해 무거운 원소들이 만들어지고 초신성 폭발 때 더 큰 원소들이 만들어져 다양한 원소로 이루어진 현재의 우주가 되었다.

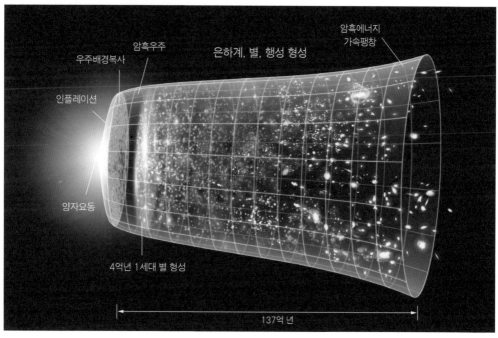

우주의 역사.

빅뱅의 증거는 무엇일까?

(빅뱅 후 38만 년)

빅뱅우주론을 처음 제안했던 랠프 앨퍼는 로버트 허먼[1914~1997]과 함께 우주 초기에 대한 또 다른 연구를 시작했다. 그들은 우주가 아주 작았던 시기에는 온도가 너무 높아 (−)전하를 띤 전자와 (+)전하를 띤 원자핵이 분리된 플라스마 상태였을 것이라고 가정했다. 이런 상태에서는 빛이 전자들의 방해 때문에 우주를 가로질러 달

빅뱅.

릴 수 없었을 것이라고 생각했다. 그러나 우주가 시작되고 38만 년이 지나 우주의 온도가 3000℃까지 내려가자 전자와 원자핵이 결합하여 중성원자를 형성하게 되었다. 전자가 사라진 우주에서 빛은 이제 아무런 방해도 받지 않고 우주를 달릴 수 있게 되었다. 우주의 모든 곳에서 사방으로 달리기 시작한 이 빛은 지금도 모든 방향에서 우리를 향해 오고 있다. 이것이 우주배경복사다.

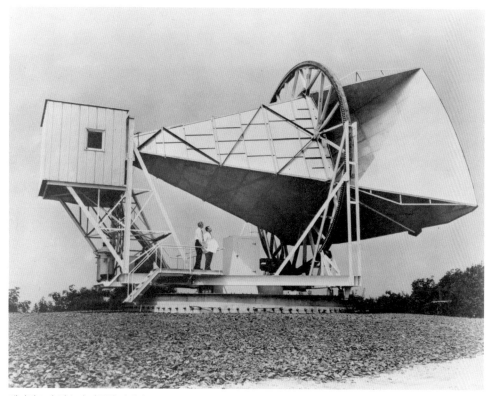

펜지어스와 윌슨이 사용한 안테나.

우주가 시작되고 38만 년이 지나 온도가 3000℃가 되었을 때 우주를 가득 채우고 있던 빛은 온도가 3000℃인 물체가 내는 복사선과 같았을 것이다. 그러나 우주가 팽창하면서 이 빛의 파장도 길어져 현재는 우리 눈으로 볼 수 없는 마이크로파가 되었다. 앨퍼와 허먼은 현재 우주에는 5K 물체가 내는 것과 같은 복사선이 모든 방향에서 오고 있을 것으로 예측했다. 따라서 우주배경복사를 측정하면 빅뱅우주론의 정당성을 증명하는 결정적인 증거가 될 것이라고 생각했다. 그러나 앨퍼와 허먼이 이런 예측을 했을 때는 우주배경복사를 측정하는 장비가 없었다. 그래서 결정적인 증거를 제시하지 못해 빅뱅우주론은 잊히는 듯했다.

그런데 우주배경복사는 생각지 못한 곳에서 발견되었다. 우주배경복사를 측정한 사람은 벨 연구소의 연구원이었던 아노 펜지어스와 로버트 윌슨이었다. 1960년대 초에 물리학자들은 초단파에 대해 알고 있었지만 초단파 영역의 아주 약한 신호를 감지하는 방법은 모르고 있었다. 새로운 통신 채널을 개설하고자 했던 펜지어스와 윌슨은 천체나 지상의 여러 가지 전파원들로부터 오는 초단파가 초단파 통신을 방해하는지를 알기 위해 여러 가지 실험을 했다. 그들은 알려진 전파원에서 오는 잡음을 하나하나 체크해나가던 중에 없앨 방법을 알 수 없는 잡음이 잡히는 것을 발견했다. 이 잡음은 지평선 위의 모든 방향으로부터 오고 있었고, 낮과 밤 또는 계절에 관계없이 항상 일정했다.

그들은 이 잡음을 제거하기 위해 모든 방법을 사용했다. 심지어 나팔 모양의 안테나에 묻어 있는 비둘기의 배설물까지 제거했다. 그러나 잡음은 여전히 사라지지 않았다.

펜지어스와 윌슨이 잡음 때문에 골치를 앓고 있다는 이야기를 전해 들은 프린스턴 대학의 로버트 디키^{Robert Dicke, 1916~1997}가 두 사람이 발견한 잡음이 그들이 찾고 있던 우주배경복사라는 것을 확인해주었다. 우주고고학의 가장 중요한 유물이 발견된 것이다. 이들이 발견한 우주배경복사 온도는 2.71K여서 앨퍼와 허먼이 예측한 것보다는 2K 정도 낮았다. 다시 말해 우주 공간의 평균온도는 절대온도 0K에 가까운 2.71K이다.

그 후 우주배경복사를 연구하여 우주 초기의 구조를 알아내려는 연구가 활발하게 전개되었다. 처음에는 항공기나 풍선을 이용해 하늘의 특정 부분에서 오는 우주배경복사를 연구했지만 1989년에 COBE 위성이 지구 대기권 밖에 나가 하늘 전체의 우주배경복사 분포를 조사했고, 2001년에는 WMAP 탐사 위성이 좀 더 상세한 우주배경복사 지도를 작성했다. 이런 지도는 우주의 나이가 38만 년 되었을 때의 우주 구조를 보여주고 있다.

2010년 WMAP 탐사 위성이 작성한 우주배경복사 지도.

    우주배경복사 지도에 나타난 초기 우주에는 물질이 매우 고르게 분포하고 있어서 모든 지점이 1만분의 1의 차이를 나타내는 지도에는 균일하게 나타났다. 그러나 10만분의 1의 차이를 나타내는 지도에는 많은 얼룩이 보여 그 당시 이미 우주에 지금 우리가 보는 은하나 은하단의 씨앗이 만들어지고 있었음을 알 수 있었다.

지구를 이루는 원소들은
어디에서 만들어졌을까?

빅뱅 후 38만 년부터 2억 년까지는 아직 1세대 별이 탄생하지 않아 우주는 밝게 보이는 것은 아무것도 없는 암흑 우주였다. 암흑 우주라는 것은 이 시기에 우주를 관측하는 인류가 있었다면 인류에게 캄캄한 우주로 보였을 것이라는 의미다. 암흑 우주에도 파장이 긴 전자기파 배경복사가 가득했다. 만약 가시광선보다 파장이 긴 전자기파를 볼 수 있는 망원경으로 우주를 관측했다면 이 시기에도 우주는 환하게 보였을 것이다. 암흑 우주에는 빅뱅 초기 몇 분 동안에 만들어진 수소와 헬륨 그리고 약간의 리튬만 있었다. 탄소, 질소, 산소, 나트륨, 칼슘이나 이들보다 더 무거운 원소가 없었으므로 1세대 별이 형성되기 시작했을 때는 우주에 빛을 흡수할 수 있는 분자가 아직 없었다. 분자는 빛을 흡수하기 때문에 새로 형성되는 별에서 나오는 빛이 분자에 압력을 가해 별로 흡수되는 것을 방해한다. 따라서 태양 질량의 100배가 넘는 질량을 가진 별들이 만들어질 수 없다.

그러나 우주가 수소와 헬륨만으로 이루어져 있던 우주에서 1세대 별이 형성될 때는 태양 질량의 수백 배에서 수천 배의 질량을 가진 별들이 쉽게 만들

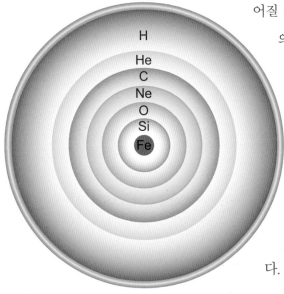

어질 수 있었다. 질량이 큰 별들의 내부에서는 빠른 속도로 핵융합 반응이 진행되어 무거운 원소가 만들어졌다.

별 내부에서의 핵융합 반응으로 만들어질 수 있는 원소는 원자번호가 26번인 철 원소까지다. 철의 원자핵보다 무거운 원자핵들이 핵융합을 통해 더 무거운 원자핵을 만들 때는

거대한 별이 일생의 마지막 단계에 이르렀을 때의 내부 구조.

에너지를 방출하는 것이 아니라 오히려 흡수하기 때문에 별 내부의 핵융합 반응을 통해서는 철 원자핵보다 무거운 원자핵은 만들어지지 않는다.

무거운 별이 여러 단계의 핵융합 과정을 통해 일생의 마지막 단계에 이르면 별의 중심부에서부터 무거운 원소에서 가벼운 원소 순으로 층을 이루게 된다. 많은 질량을 가지고 있던 거대한 1세대 별들에서는 빠르게 핵융합 반응이 진행되었기 때문에 이런 별들의 일생은 수백만 년에 불과했다.

현재 우주는 철보다 무거운 원소들도 포함하고 있다. 철보다 무거운 원소들은 거대한 별이 생을 마감할 때 일어나는 강력한 폭발을 통해 에너지를 공급받아 만들어졌다. 초신성 폭발이라 부르는 이 폭발은 별의 중심에 만들어진 철의 원자핵이 엄청난 중력을 이기지 못하고 양성자가 중성자로 전환될 때 나오는 엄청난 에너지로 인해 일어난다. 초신성 폭발 시에는 별이 일생 동안 핵융합 반응을 통해 방출한 에너지보다 더 많은 에너지가 방출되어 수천억

개의 별로 이루어진 은하보다 더 밝게 빛나는 불꽃을 만들어낸다.

별 내부에서 핵융합 반응에 의해 만들어진 무거운 원소와 초신성 폭발 때 만들어진 무거운 원소들은 초신성 폭발로 인해 우주 공간으로 흩어진다. 현재 우리가 살아가는 우주가 다양한 원소를 포함하게 된 것은 초신성 폭발 때 무거운 원소들이 우주에 흩어졌기 때문이다.

초신성 폭발 때에는 별을 이루고 있던 많은 물질이 우주 공간으로 흩어지

1054년에 황소자리에서 최초로 관측된 초신성 폭발의 잔해인 게성운(M1).

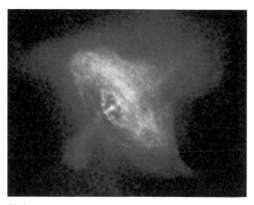

펄서.

지만 별의 핵을 이루고 있던 부분은 중성자로 바뀌어 밀도가 높은 중성자별이 된다. 빠른 속도로 회전하면서 짧은 주기의 전자기파를 내는 중성자별을 펄서^{pulsar}라고 한다. 그러나 질량이 매우 큰 별은 중성자로 바뀐 다음에도 중력 붕괴를 견뎌낼 수 없다. 그런 별의 중력 붕괴를 막을 수 있는 힘이 존재하지 않기 때문이다. 따라서 이런 별은 중력에 의한 수축을 계속하여 빛도 빠져나올 수 없을 정도로 중력이 큰 천체가 된다. 이런 천체를 블랙홀이라고 한다. 과학자들은 천체 관측을 통해 하늘에서 블랙홀의 후보들을 많이 찾아냈다.

1세대 별들이 폭발하면서 공간으로 날려 보낸 물질들은 별 사이 공간에서 성간운을 만든다. 이 성간운에서 밀도가 다른 곳보다 큰 부분이 생기면 이곳을 중심으로 별이 만들어지고, 그 주위에는 별을 도는 행성이 형성된다. 이런 별들은 1세대 별들이 형성될 때는 없던 무거운 원소를 많이 포함하고 있다. 특히 별 주위에 형성되는 작은 행성들은 중력이 약해 수소나 헬륨과 같이 가벼운 원소들을 잡아두지 못해 생명체를 구성하는 데 필요한 무거운 원소들을 주로 포함하고 있는 행성이 된다. 태양은 1세대 별들 내부에서 합성되어 우주 공간에 흩어진 무거운 원소들이 많은 곳에서 형성된 2세대 별이다.

지구는 어떻게 형성되었을까?

(45억 7000만 년 전)

　태양계 질량의 대부분을 포함하고 있는 태양은 별 중에서는 작은 별로, 우주에 흔히 존재하는 보통 별이다. 따라서 태양이 형성되는 과정은 보통 별이 형성되는 과정과 크게 다르지 않을 것이다. 과학자들은 지구처럼 고체로 이루어진 천체보다 별과 같이 플라스마로 이루어진 천체의 형성 과정과 내부 구조를 훨씬 더 잘 이해하고 있다. 우리는 우리가 발 딛고 살고 있는 지구의 내부보다 태양의 내부에 대해 더 많은 것을 알고 있는 셈이다.

　태양계가 속해 있는 은하수 은하 가장자리에 있던 차갑게 식은 성간운에서 밀도가 높은 지점을 향해 물질이 모여들기 시작하면서 태양의 탄생이 시작되었을 것이다. 성간물질이 차갑게 식지 않으면 운동에너지가 중력에 의한 위치 에너지보다 커서 물질이 뭉쳐지지 않는다. 중심을 향해 달려가면서 속도가 빨라진 입자들의 충돌로 중심의 온도가 올라가기 시작했을 것이고 내부의 온도가 수소 원자핵의 핵융합 반응을 일으킬 수 있는 온도까지 높아지자 핵융합 반응이 시작되어 별로서의 생을 시작했을 것이다. 태양이 별로서의 일생을 시작한 시기는 지금부터 약 45억 4000만 년 전이었다.

태양의 내부에서는 지금도 수소의 핵융합 반응이 진행되고 있다. 태양이 46억 년에 가까운 오랜 시간 동안 계속 빛을 낼 수 있었던 것은 핵융합 반응으로 에너지가 계속 공급되기 때문이다. 핵융합 반응으로 합성된 헬륨 원자핵의 질량은 핵융합 반응에 사용된 수소 원자핵들의 질량보다 작다. 이 여분의 질량이 에너지로 변환되어 방출된다. 태양의 일생은 100억 년 정도 될 것으로 추정된다. 과학자들은 매초 400만 톤의 질량을 에너지로 전환시키고 있으므로 태양의 연료도 결국 고갈되겠지만 그렇게 되기까지는 50억 년에서 60억 년이 더 걸릴 것으로 보고 있다.

중심부에서 태양이 형성되는 동안 태양 주변에서는 행성들이 형성되었다. 전파망원경을 이용하여 새로 탄생하는 별들 주위의 기체와 먼지구름을 조사한 천문학자들은 많은 물질이 원반 모양으로 별을 둘러싸고 있는 것을 발견했다. 새로 탄생하는 별을 둘러싸고 있는 물질은 주로 수소와 헬륨으로 이루어져 있었다. 그러나 탄소를 포함하고 있는 분자나 산화규소와 얼음으로 이루어진 먼지도 포함되어 있었다.

밀도가 아주 낮은 우주 공간에서는 수백만 개의 원자가 결합하여 먼지를 만드는 것이 가능하지 않다. 밀도가 낮은 상태에서는 원소들이 서로 접촉할 기회가 거의 없는 데다, 작은 먼지가 형성되었다 해도 중력이 너무 작아 큰 먼지 알갱이로 성장하는 것이 불가능하기 때문이다. 따라서 우주 먼지는 밀도가 높은 별을 둘러싸고 있는 대기의 가장자리에서 만들어졌을 것으로 보인다.

행성이 만들어지기 위해서는 먼지들이 모여 중력 작용에 의해 더 큰 천체로 성장할 수 있는 크기인 지름 10km 정도 되는 미행성들이 먼저 형성되어야 한다. 기체와 먼지 입자들로부터 지름이 10km 정도 되는 미행성이 형성되는 과정을 설명하는 이론에는 두 가지가 있다.

하나는 먼지 입자들이 충돌을 통해 합쳐지는 과정을 반복하여 미행성을 형

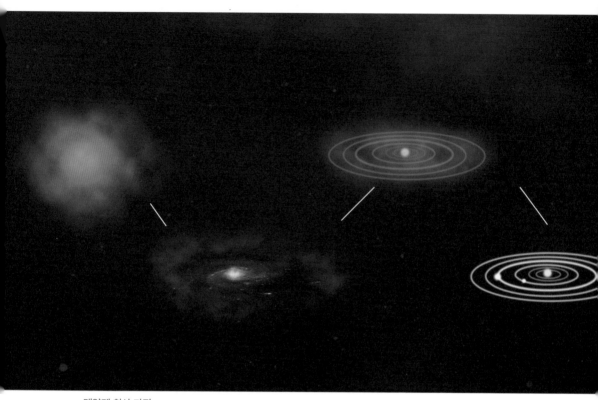

태양계 형성 과정.

성한다는 것이다. 그러나 이런 방법으로 먼지가 미행성으로 성장하는 데는 매우 오랜 시간이 걸리는 것으로 밝혀졌다. 오래된 운석에 들어 있는 방사성원소를 측정한 결과, 태양계가 형성되는 데는 불과 수천만 년밖에 걸리지 않았다. 이 기간은 전체 태양계 나이의 1%도 안 되는 짧은 시간이다. 과학자들은 먼지가 충돌을 통해 결합하여 미행성을 형성하는 데는 이보다 훨씬 긴 기간이 필요할 것이라고 주장한다. 따라서 먼지들이 충돌을 통해 합쳐서 미행성을 형성했다는 이론은 받아들이기 어려운 것으로 보고 있다.

미행성 형성을 설명하는 또 다른 이론은 태양 주위에 만들어지는 먼지 소용돌이에서 미행성이 만들어졌다는 것이다. 태양과 행성을 이루는 기체나 먼지

로 이루어진 구름은 수축하면서 회전하게 되어 전체 모양이 구형에서 원반 형태로 바뀌게 된다. 원시별을 둘러싼 이런 물질 원반을 강착원반이라고 부른다. 강착원반 중심부에 있던 밀도가 높은 공 모양의 구름은 태양으로 발전하고, 중심에서 멀리 떨어진 곳에 형성된 밀도가 높은 지점에서는 미행성들이 만들어졌다. 수천 년 동안 밀도가 높은 점들이 많은 양의 먼지를 좁은 공간에 집중시키는 소용돌이로 발전했고, 이 소용돌이가 질량을 밀집시켜 미행성을 만든다.

아직 확실하게 밝혀진 것은 아니지만 이런 과정을 거쳐 태양 주위에 수백만 개의 미행성이 형성되었고, 미행성들이 계속 충돌하면서 다른 미행성들과 합쳐 점점 더 큰 미행성으로 성장했을 것이다. 천체물리학자들은 지름이 10km 정도 되는 미행성들이 행성으로 변환하는 과정을 컴퓨터 시뮬레이션을 통해 재현해보았다. 대부분은 지구형 행성들과 같이 주로 암석으로 이루어진 크기가 작고 밀도가 높은 행성이 만들어졌고, 목성형 행성들처럼 기체로 이루어진 크기가 크고 밀도가 작은 행성은 매우 드물게 형성되었다. 이 과정에서 천체들 사이의 중력 작용으로 많은 수의 미행성들이 태양계 밖으로 날아가버리기도 했을 것이다.

현재 지구에는 여덟 개의 행성들이 타원궤도를 따라 태양 주위를 돌고 있다. 어떻게 행성들은 타원궤도를 따라 태양을 돌게 되었을까? 역학적 분석에 의하면, 거리 제곱에 반비례하는 중력이 작용하는 경우에는 원운동, 타원운동, 포물선 운동, 쌍곡선 운동의 네 가지 운동이 가능하다. 태양계 형성 초기에는 이 네 가지 운동을 하는 미행성들이 모두 있었을 것이다. 그러나 포물선운동과 쌍곡선운동을 하던 큰 에너지를 가지고 있던 미행성들은 태양계 밖으로 날아가버렸을 것이다. 그리고 원운동을 하기 위해서는 아주 까다로운 조건을 만족시켜야 하기 때문에 남은 여덟 개의 행성이 원운동을 할 확률은 아주 작다. 따라서 태양계에는 타원 운동을 하는 행성만 남게 되었다.

태양계에는 행성 이외에도 행성을 도는 많은 위성들과 소행성들이 있다. 미행성의 충돌로 행성이 만들어졌다는 이론은 지름이 수백에서 수천 킬로미터 (km)나 되는 위성들의 형성에도 그대로 적용할 수 있다. 화성과 목성 사이에서 태양을 돌고 있는 수십만 개의 소행성들은 태양계 형성 초기에 만들어진 미행성이거나 미행성의 충돌로 만들어졌을 것이다. 이들은 가까이 있는 목성의 강한 중력으로 인한 간섭 때문에 커다란 행성으로 성장할 수 없었을 것이다.

태양계.

태양계와 지구의 나이는
어떻게 측정했을까?

우리는 현재 태양계와 지구의 나이가 45억 4000만 년이라고 알고 있다. 태양계와 지구의 나이가 45억 4000만 년이라는 것을 어떻게 알게 되었을까? 1632년 갈릴레이는 코페르니쿠스의 지동설을 옹호하는 내용이 담긴《두 체계의 비교》라는 책을 출판해 심각한 이단이라는 죄목으로 교회에서 재판을 받았다. 이 재판에서 자신의 주장을 철회하고 용서를 빈 갈릴레이에게는 종신 가택 연금형이 선고되었다. 그러나 지동설을 받아들이는 사람이 점점 늘어나자 교회에서는 더 이상 천동설을 고집할 수 없다는 것을 알게 되었다. 그래서 과학적인 문제는 과학자들에게 맡기고 교회는 영혼의 구원에 관한 문제만을 다루기로 했다. 교회와 과학이 역할을 분담하게 되면서 지적 자유의 시대가 시작된 것이다.

이제 과학자들은 교회의 간섭 없이 마음대로 자연현상을 연구할 수 있게 되었다. 그러나 이러한 지적 자유의 시대에도 과학자들이 다루지 못하고 있던 문제가 있었다. 그것은 바로 지구(우주)가 언제 어떻게 시작되었는가 하는 문제였다. 이 문제는 과학자들이 다루기에 너무 어려운 문제였다. 따라서 19세기 중반까지도 지구의 나이는 과학이 아니라 성서에서 그 답을 찾으려고 했다.

성서에 기록된 내용을 바탕으로 신이 천지(지구와 우주)를 창조한 시기를 알아내려고 했던 케플러를 비롯한 많은 사람들의 작업을 마무리 지은 사람은 아일랜드 대주교 제임스 어셔[1581~1656]였다. 어셔는 1650년과 1654년에 창조의 시기를 기점으로 한 신약과 구약의 연대기를 발표했다. 성서에 기록된 사건들 중에서 바빌로니아의 왕 네브카드네자르(느브갓네살)가 솔로몬 성전을 파괴한 사건이 역사 기록을 통해 연대를 확인할 수 있는 가장 오래 된 사건이라는 것을 알아낸 그는 솔로몬 성전이 파괴된 기원전 587년을 기준으로 하여 성서에 기록된 계보를 거꾸로 계산하여 창조의 시기를 알아냈다. 이와 같은 계산을 통해 그는 하나님이 세상을 창조한 것은 기원전 4004년 10월 23일 저녁이라고 주장했다. 어셔의 우주 창조 연대는 오랫동안 창세기의 주석으로 사용되었다.

그러나 1859년에 《종의 기원》을 통해 진화론을 제안한 찰스 다윈[1809~1882]은 지구의 역사가 6000년이라는 어셔의 주장을 받아들일 수 없었다. 6000년은 진화가 일어나기에는 너무 짧은 기간이었다. 다윈은 잉글랜드의 다운스 계곡이 침식되는데 걸리는 시간을 계산하여 지구의 나이가 3억 년이 넘는다고 주장했다. 이런 그의 주장은 진화론을 반대하는 사람들의 표적이 되기도 했다.

영국의 물리학자로 절대온도를 제안했으며 열역학 제2법칙을 제안하기도 했던 켈빈[1824~1907]은 1862년 지구가 용융 상태에서 식는 데 걸리는 시간을 계산하여 지구의 나이가 2000만 년보다 길고 4억 년보다 짧다고 주장했다. 그리고 후에 그는 지구의 나이가 1억 년이라고 수정했다.

뉴턴과 같은 시대에 활동했던 영국의 에드먼드 핼리[1656~1742]는 1715년 바다에 포함된 염분의 증가속도를 측정하여 지구의 나이를 결정할 것을 제의했고, 아일랜드의 지질학자였던 존 졸리[1857~1933]는 핼리의 생각을 바탕으로 바닷물의 염도를 측정하여 지구의 나이가 8900만 년이라고 주장했다.

1896년에 앙투안 베크렐[1852~1908]이 우라늄이 내는 방사선을 발견하고, 마리 퀴리[1867~1934]와 피에르 퀴리[1859~1906]가 1898년에 새로운 방사선 원소인 라듐과 폴로늄을 발견하면서 과학자들은 지구의 나이를 측정하는 강력한 새로운 방법을 갖게 되었다. 방사성동위원소를 이용하여 암석의 나이를 측정하려고 최초로 시도한 사람은 뉴질랜드 출신으로 영국에서 활동했던 어니스트 러더퍼드[1871~1937]였다. 1902년 캐나다의 맥길 대학에서 프레데릭 소디[1877~1956]와 방사성 원소에 대해 연구하고 있던 러더퍼드는 방사성 원소가 붕괴하여 반이 남는 데 걸리는 시간인 반감기가 원소의 물리적 화학적 상태에 따라 달라지지 않는다는 것을 발견했다. 또한 라듐이 알파선(헬륨)을 방출하는 알파붕괴를 통해 라돈으로 변한다는 것을 발견했으며 암석 속에 잡혀 있는 헬륨의 양을 측정하여 암석의 나이가 5억 년 이라는 것을 알아냈다.

1907년 미국의 화학자 베트렘 볼트우드[1870~1927]는 우라늄을 포함하고 있는 암석을 분석하여 헬륨과 함께 다량의 납이 포함되어 있다는 것을 발견하고 납이 우라늄이 붕괴하여 만들어지는 최후의 안정한 원소라고 주장했다. 우라늄은 여러 단계의 붕괴를 거쳐 마지막에 안정한 원소인 납이 된다. 이로서 암석에 남아 있는 우라늄의 양과 붕괴 생성물인 납의 양을 비교하여 암석의 나이를 결정할 수 있게 되었다.

우라늄과 납을 이용하여 지구의 나이를 결정하는 문제를 크게 진전시킨 사람은 영국의 지질학자 아서 홈즈[1890~1965]였다. 1910년 홈즈는 우라늄을 포함한 암석 속에 함유된 납의 양을 측정하여 17가지 이상의 노르웨이 암석의 나이를 결정했는데 이 중 가장 오래된 암석은 16억 4000만 년이나 되었다.

지구에서 발견된 가장 오래 된 암석의 나이를 측정하여 지구의 나이를 알아내기 위한 과학자들의 모임도 만들어졌다. 1923년에는 미국에서 원자의 방사성 붕괴를 이용한 지질학적 시간 측정 위원회가 결성되었고, 1926년에는 천문학자, 물리학자, 고생물학자들이 다수 참여한 지구 연대 측정 소위원회가 조직되기도 했다. 1931년 소위원회는 연구 결과를 토대로 출판한 책에서 지구의 나이가 14억 6000만 년에서 30억 년 사이라고 했다.

1922년 노벨 화학상을 받은 영국의 물리학자 프란시스 애스턴[1877~1945]은 자연에 존재하는 납에는 원자량이 204, 206, 207, 208인 네 가지의 동위원소가 있다는 것을 밝혀냈다. 그는 또한 납204를 제외한 다른 납의 동위원소들은 모두 우라늄과 토륨의 동위원소들의 붕괴 과정에서 만들어지는 마지막 생성물이라는 것도 알아냈다.

이제 암석 속에 포함된 우라늄이나 토륨의 양과 납의 동위원소들의 양을 측정하면 암석의 연대를 결정할 수 있게 되었다. 보통의 납인 납204의 양을 측정하여 처음부터 있었을 납206과 납207 그리고 납208 동위원소의 양을 추정할 수 있게 되자 미국의 물리학자 알프레드 니에르[1911~1994]는 이 세 가지 납의 동위원소를 이용하여 1930년대 말부터 1940년대 초까지 25종의 암석의 나이를 결정하여 비교했다. 그러나 지구의 나이를 결정하는 문제가 모두 해결된 것은 아니었다.

아직 남아 있던 문제가 무엇인지 알아보기 위해 태양계와 지구가 형성되는 과정을 다시 돌아보자. 태양계와 지구를 형성하는 물질이 큰 별의 내부에서 진행된 핵융합 반응과 초신성 폭발 과정을 통해 만들어져 우주에 흩어졌다. 이 물질 속에는 안정한 원소인 납204와 방사성동위원소인 우라늄238, 우라늄235, 토륨232가 포함되어 있었다. 우주에 흩어진 순간부터 우라늄과 토륨이 붕괴를 시작하여 납208, 납207, 납206을 만들어내기 시작했다. 이 물질이 지구를 형성하는 원시물질이 되었다. 따라서 지구를 만든 원시물질에는 납204, 납208, 납207, 납206 그리고 우라늄과 토륨이 포함되어 있었다. 지구가 만들어진 후에도 방사성 붕괴가 계속되어 납의 비율이 증가했다. 우리는 현재 암석 안에 포함되어 있는 우라늄과 납의 비율을 측정하여 지구의 나이를 결정하려고 한다. 이런 방법으로 지구의 나이를 알기 위해서는 지구와 태양계를 만든 원시물질 안에 포함되었던 납의 양, 즉 원시납의 양을 알아야 한다.

과학자들은 우라늄이나 라듐이 포함되어 있지 않은 암석 속에 포함되어 있는 납이 원시납일 가능성이 크다고 생각했다. 그린란드에서 발견된 갈레나암은 방사성 원소인 우라늄이나 토륨을 전혀 포함하고 있지 않았다. 과학자들은 갈레나암에 포함되어 있는 납의 양이 원시납의 양을 나타낸다고 가정하고 암석의 나이를 측정한 결과 지구의 나이가 30억 년이 넘는다는 결론을 얻었다. 이것이 1946년의 일이었다.

미국의 지구화학자 클레어 패터슨$^{1922~1995}$은 지구의 나이를 측정하는데 지구의 암석이 아닌 우주에서 날아온 운석을 이용했다. 그는 운석이 태양계를 형성하고 남은 물질이라고 생각해 운석의 나이를 측정하면 지구와 태양계의 나이도 알 수 있을 것이라고 생각했다. 운석 중에는 철이 주성분인 운석이 있는데 이러한 운석에는 우라늄이 거의 포함되어 있지 않았다. 이런 운석 속에 포함된 납이 원시납일 것이라고 생각한 패터슨은 1953년 약 5만 년 전 애리조나에 떨어진 운석의 납의 양을 측정하는 데 성공했다. 그때까지 측정한 운석들 중에서 가장 적은 양의 납을 포함하고 있었던 이 운석의 납의 양을 원시납의 양으로 하여 지구의 나이를 새롭게 계산한 결과 지구의 나이는 45억 1000만 년에서 46억 6000만 년 사이이라는 결과가 나왔다.

그러나 여기에도 문제는 아직 남아 있었다. 운석 속의 납의 양을 지구의 원시납의 양이라고 가정한 것이 과연 타당한가 하는 문제였다.

패터슨은 1956년에 3개의 암석 운석과 2개의 철 운석에 포함된 납의 양을 분석하여 이들의 나이가 모두 45억 5000만 년에서 45억 7000만 년 사이라는 것을 밝혀냈다. 이것은 운석들이 모두 같은 시기에 만들어졌다는 것을 나타내는 것이었다.

이제 지구의 나이를 측정해 운석의 나이와 비교하는 일만 남았다. 지구에 있는 많은 종류의 암석에 포함되어 있는 납의 양과 우라늄의 양이 모두 조금씩 다르기 때문에 어떤 암석이 지구의 나이를 나타내는 암석인지를 결정하는 것은 매우 어려운 문제였다.

패터슨은 이 문제를 해저에 만들어진 퇴적암을 이용해 해결했다. 바다 깊은 곳의 퇴적암은 대륙 곳곳에서 침식되어 흘러온 물질이 퇴적되어 만들어진다. 따라서 해저 퇴적암에는 지각이 함유하고 있는 납과 방사성 물질의 평균값에 해당하는 양이 함유되어 있을 것이라고 생각한 것이다. 패터슨은 태평양 해저에서 퇴적암의 표본을 채취하여 지구의 나이를 분석했다. 이런 방법으로 결정한 지구의 나이는 운석의 나이와 같았다. 따라서 지구와 태양계가 45억 5000만 년 전에 같이 만들어졌다고 결론지었다. 현재 받아들여지고 있는 지구와 태양계의 나이는 약 45억 4000만 ± 5000만 년이다.

제2부

지구는 어떤 행성인가?

태양계는 우주 어디쯤에 있을까?

아주 큰 규모에서 보면 우주는 균일하다. 따라서 태양계와 태양계를 포함한 우리 은하가 우주 어디쯤에 자리 잡고 있는지는 그리 중요하지 않다. 그러나 우주가 균일하게 보이기 위해서는 수천 개의 은하로 이루어진 은하단보다 더 큰 규모에서 우주를 바라보아야 한다. 이보다 작은 규모에서 보면 우주에는 수많은 구조들이 있어 균일하지 않다. 수천억 개의 별로 이루어진 은하들 수천 개가 모여 만든 거대한 은하단은 우리가 망원경으로 관측할 수 있는 가장 큰 규모의 구조다.

태양계가 포함된 우리 은하는 30여 개의 은하가 지름 300만 광년의 공간에 모여 있는 국부은하군에 속해 있다. 국부은하군에서 가장 큰 은하는 태양계로부터 약 225만 광년 떨어져 있는 안드로메다은하이고, 우리 은하는 두 번째로 큰 은하이다. 약 2000억 개의 별로 이루어진 우리 은하는 지름이 약 10만 광년, 두께가 1000광년 정도 되는 원반 모양의 나선형 은하다. 태양계는 우리 은하의 중심으로부터 약 3만 광년 떨어진 오리온 팔에 위치해 있다. 은하를 이루는 모든 별들은 은하의 중심을 돌고 있는데 은하 중심을 도는 속도는 중심으로부터의 거리에 따라 달라진다.

　3차원 공간에서 일어나고 있는 태양계의 운동은 생각보다 복잡하다. 태양계는 헤라클레스자리의 람다별 방향으로 20km/s의 속력으로 달리면서 동시에 은하 중심을 225km/s의 속력으로 돌고 있다. 또한 은하면 위쪽 방향으로도 7km/s의 속력으로 이동하고 있다. 현재 태양은 은하면 위쪽으로 50광년

수많은 은하들로 이루어진 우주.

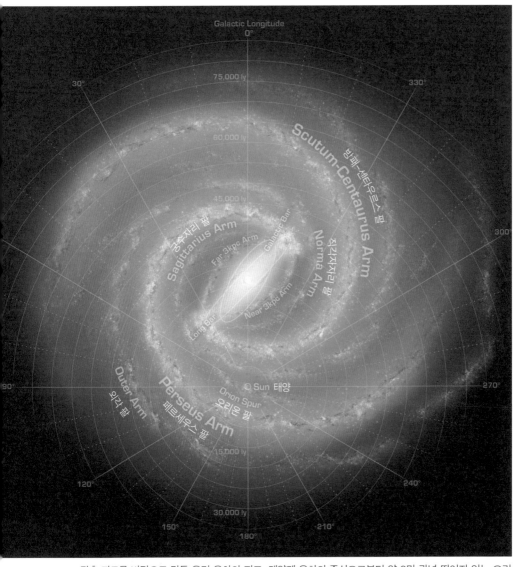

관측 자료를 바탕으로 만든 우리 은하의 지도. 태양계 은하의 중심으로부터 약 3만 광년 떨어져 있는 오리온 팔에 위치해 있다.

떨어진 지점에 있다. 그러나 과학자들은 은하의 중력 작용으로 태양이 1400만 년 안에 이 방향으로의 운동을 멈추고 은하면을 향해 돌아올 것으로 예측하고 있다.

태양계의 이런 왕복운동은 태양계가 사라질 때까지 계속될 것이다. 태양계가 은하 중심을 한 바퀴 도는 데는 2억 2500만 년이 걸리며, 이 기간을 은하년이라고 부르기도 한다. 한 바퀴 도는 동안 태양은 15만 광년의 거리를 이동한다. 태양계가 형성된 이후 태양은 은하 중심을 20번 정도 돌았다. 태양계는 이제 막 청년기에 접어들었다고 할 수 있다.

많은 별들이 이중성이나 다중성계를 이루고 있는 것과 달리 태양은 하나의 별로 이루어져 있어 외로운 별이다. 태양도 처음 태어날 때는 거대한 성운에서 다른 별들과 함께 태어났을 것이다. 그러나 함께 태어난 별들이 멀리 달아났거나 태양이 원래 태어난 곳으로부터 이탈하여 외로운 별이 되었을 것이다. 태양이 외로운 별인 것은 태양 주위를 돌고 있는 지구의 생명체들에는 참으로 다행스러운 일이었다. 태양이 여러 개의 별로 이루어진 다중성계의 일원이었다면 온도를 비롯한 환경 변화가 극심해 지구가 수많은 생명체를 포함하는 생명체의 요람이 될 수 없었을 것이다.

은하 중심을 도는 태양계의 운동과 태양 중심을 도는 행성의 공전운동으로 행성들의 궤도가 나선 모양이 되기 때문에 행성들은 우주 공간의 같은 지점을 다시 지나가지는 않는다. 우주 공간을 빠른 속도로 달리고 있는 태양을 비롯한 태양계 천체들이 다른 천체와 충돌할 가능성은 매우 적다. 천체들 사이의 넓은 공간에 비해 천체들의 크기는 아주 작기 때문이다. 그러나 태양계가 은하를 도는 동안 두꺼운 먼지구름이나 다른 별 가까이 지나가게 되면 중력 작용에 의해 지구를 포함한 태양계 천체들의 궤도가 바뀔 수 있다. 이런 일이 일어난다면 그것은 태양계의 일부분인 지구의 생명체에게 치명적인 일이 될 수도 있다. 그러나 이런 일로 지구 생명체가 위험에 처한 적이 있다는 확실한 증거는 없다. 하지만 과거 지구에 있었던 대규모 생명체 멸종 사건의 원인을 이런 곳에서 찾으려는 사람들도 있다.

1990년대부터 태양계 가까이 있는 다른 별들 주위에서 외계 행성을 찾는 일이 본격적으로 시작되었다. 다른 별들 주위에도 행성이 돌고 있을 것이라는 것은 오래전부터 예측되어온 일이지만 밝은 별 주위에 있는 행성을 관측할 수 있을 정도로 관측 기술이 발전하기 전에는 외계 행성에 대한 직접적인 증거를 찾지 못하고 있었다. 그러다 1990년대 이후 많은 별들에서 행성을 찾아내게 되자 별이 행성계를 가지고 있는 일이 태양계만의 특징이 아니라는 것이 확실해졌다.

그러나 이런 행성들에 외계 생명체가 있는지에 대해서는 아무런 결론을 내릴 수 없다. 외계 생명체의 존재에 대한 확실한 증거를 아직 발견하지 못했기 때문이다. 그럼에도 많은 과학자들은 외계 생명체가 존재하지 않는다는 것이 오히려 부자연스럽다고 생각하고 있다. 외계 생명체에 관한 확실한 증거를 찾아내기 위해서는 앞으로 더 많은 관측과 연구가 있어야 할 것이다.

태양계와 지구

    태양으로부터 세 번째 행성이고, 태양계에서 다섯 번째 큰 행성이며, 밀도가 가장 높은 행성인 지구는 태양으로부터 많은 영향을 받고 있다. 그중에서도 가장 큰 영향은 태양으로부터 받는 에너지다. 지구가 받는 에너지는 태양이 방출하는 에너지의 0.002%밖에 안 되지만 지구 상에 살고 있는 모든 생명체들이 사용하기에 충분한 양이다. 또한 지구 대기권에서 일어나는 대기의 대류 작용을 비롯한 지구의 기후 체계를 작동시키는 에너지로도 사용되고 있다.

    태양은 에너지뿐만 아니라 많은 입자들을 방출하고 있다. 태양에서 방출된 고에너지 입자들이 약 160만km/h의 속력으로 날아와 지구에 도달하면 지구 자기장과 상호작용하여 자기권이라고 부르는 지구를 둘러싼 보호막을 만든다. 북극과 남극 지방에 주로 나타나는 오로라는 태양에서 날아온 입자들과 대기 분자들의 상호작용이 만들어내는 현상이다. 태양은 종종 코로나 질량 분출이라는 거대한 자기폭풍을 일으켜 지구궤도를 돌고 있는 인공위성들에게 위험을 초래하고, 전력 공급에 차질을 빚게 하며, 전파 통신에 영향을 주기도 한다. 일부 과학자들은 태양이 방출하는 에너지의 변화가 지구에서 벌어진 여

태양계의 모습.

러 차례의 빙하기의 원인이라고 주장하지만 아직 확실하게 결론이 내려진 것은 아니다.

　태양을 공전하기 위해 빠른 속도로 달리고 있는 지구는 태양계 공간에 분포하는 크고 작은 우주 물질과 충돌할 가능성이 있다. 밤하늘에서 자주 발견되는 별똥별이라고도 부르는 유성은 우주 공간에 흩어져 있던 작은 물질이 지구 대기권으로 뛰어들어 대기와의 마찰로 타면서 내는 불빛이다. 유성을 만들어내는 유성체는 대부분 모래알 크기부터 사람의 주먹 크기까지의 우주 암석 조각으로, 대기권으로 들어와 지상 80~100km 높이에서 타버린다. 약 100톤의 물질이 매일 유성으로 지구에 떨어진다. 따라서 1년 동안 4만 톤에 가까운 먼지가 지구 상에 떨어진다.

　타다 남은 물질은 지상에 떨어져 운석이 된다. 대부분의 운석은 소행성대에

서 오지만 적은 수의 운석은 달이나 화성과 같은 다른 천체에서 날아온 것도 있다. 화성이나 달 그리고 소행성의 조성을 알고 있는 과학자들은 지구에서 발견된 운석의 성분을 분석하여 이 운석이 어디에서 날아왔는지를 추정해낼 수 있다.

지금까지 발견된 운석 중에서 가장 큰 운석은 아프리카 나미비아의 그루트폰테인 부근에서 발견된 호바 운석이다. 1920년에 발견된 이 운석은 8만 년 전에 지구에 떨어진 것이다. 2억 년 전에서 4억 년 사이에 형성된 것으로 추정되는 이 운석의 무게는 60톤이고 너비와 길이는 각각 2.95m와 2.84m이며 두께는 75~122cm다. 이 운석은 82.4%의 철, 16.4%의 니켈, 0.76%의 코발트와 다른 소량의 원소들을 포함하고 있다.

지구에 떨어지는 운석은 대개 크기가 아주 작기 때문에 별다른 문제가 되지 않는다. 그러나 운석 중에는 소행성이나 혜성도 있다. 지구 형성 초기에는 대형 천체들의 충돌이 빈번했다. 지구 형성 초기인 명왕누대의 지구 환경은 천체들의 충돌에 의해 결정되었다. 지구가 형성된지 약 8억 년 후에 시작된 시

호바 운석.

태양풍과 지구를 둘러싼 자기권.

생누대 이후에는 소행성이나 혜성의 충돌 횟수가 줄어들었다. 그러나 대규모 충돌이 아주 없었던 것은 아니다. 시생누대 이후에도 여러 차례에 걸쳐 대형 천체가 충돌했고, 이러한 천체의 충돌은 지구 환경을 크게 변화시켜 생명체의 멸종을 가져오기도 했다. 소행성 중에는 지구궤도 안쪽으로 들어오거나 지구 가까이 다가오는 것들이 많다. 따라서 앞으로도 소행성이나 혜성이 지구에 충돌할 가능성이 있다. 많은 나라에서 충돌 가능성이 있는 천체를 추적하며 충돌에 대비하고 있다. 그러나 지구에 위협이 될 천체가 지구를 향해 다가오는 경우 어떻게 대처해야 할지에 대해서는 아직 확실한 대책이 없으며 여러 가지 대처 방법에 대한 논란만 계속되고 있다.

지구는 다른 행성들과 어떻게 다를까?

지구의 환경은 태양계 다른 행성들의 환경과 많이 다르다. 태양에서 행성까지의 거리가 모두 다르고 행성의 크기도 달라 대기권의 상태와 온도가 다르기 때문이다. 태양에서 가장 가까운 곳에 있는 수성은 표면에 수많은 크레이터가 분포되어 있고, 대기를 가지고 있지 않다. 매우 천천히 자전하고 있는 수성의 자전주기는 59일이고, 공전주기는 88일이다. 따라서 자전과 공전이 모두 하루의 길이에 영향을 주어 낮과 밤의 길이는 222일이나 된다. 따라서 태양을 향한 부분에서는 온도가 400℃까지 올라가고, 태양의 반대편을 향한 어두운 부분에서는 −170℃까지 내려가 아주 춥다.

오랫동안 지구의 쌍둥이 행성이라고 생각해왔던 금성 표면

수성의 표면.

금성의 표면.

은 지구 표면과 전혀 다르다. 두꺼운 대기를 가지고 있어 금성 표면에서의 대기압은 90기압에 달한다. 이산화탄소를 많이 포함하고 있는 금성 대기는 온실효과로 표면 온도가 477℃까지 올라간다. 이것은 납을 녹이고 암석이 붉게 보이도록 할 수 있는 높은 온도다. 표면의 높은 온도와 공기 중에서 내리는 황산 비로 인해 대부분의 암석은 부식되어 있다. 금성 표면에는 충돌 크레이터가 흩어져 있고, 활동적인 화산에서 시작된 용암의 강이 흐르고 있다.

태양에서 지구보다 더 멀리 떨어져 있는 화성의 내부는 반지름이 약 1700km인 핵과 지구의 맨틀보다 약간 밀도가 높은 용암으로 이루어진 맨틀로 구성되어 있다. 맨틀 위에는 남반구에서는 두께가 약 80km, 북반구에서는 약 35km인 얇은 지각이 있다. 화성에는 지구의 그랜드캐니언보다 더 큰 규모의 마리너 계곡^{Valles Marineris}이 있다. 이 계곡의 길이는 4000km나 되고 깊이는 2~7km다. 화성에는 태양계에서 가장 큰 화산인 올림푸스^{Olympus Mons} 산도 있다.

화성의 대기압은 지구 대기압의 100분의 1밖에 안 된다. 화성 표면의 온도는 변화가 심해 겨울 극지방의 온도는 -133℃이고 여름의 낮 기온은 27℃이며 평균온도는 -55℃다. 화성 표면의 온도가 이렇게 큰 차이를 보이는 것은 화성의 궤도가 이심률이 큰 타원궤도이기 때문이다. 지구의 궤도는 화성의 궤도보다 이심률이 작아 그다지 큰 온도 변화가 나타나지 않는다. 지구는 근일점을 지나가는 1월에 원일점을 지나가는 7월보다 지구와 태양 사이의 거리가 약 3% 더 가까워진다.

얇은 대기를 가지고 있는 화성.

지구와 화성의 가장 큰 차이 중 하나는 지구는 강한 자기장을 가지고 있고, 화성은 매우 약한 자기장만을 가지고 있다는 것이다. 현재 화성은 표면에 액체 상태의 물이 존재하지 않는 메마른 행성이다. 그러나 탐사선을 보내 화성을 자세히 조사한 결과에 의하면 화성에는 물이 흐르면서 만든 지형과 흐르는 물에 의해 퇴적된 지층 그리고 물속에서 형성된 광물들이 많이 분포되어 있다. 이는 과거 화성에는 물이 흐르던 강과 물이 고여 있던 거대한 호수가 있었다는 것을 나타낸다. 38억 년 전에서 40억 년 전 사이에는 화성에 많은 물이 있었다는 것이 확실하다. 그렇다면 화성 표면을 적시고 있던 물은 왜 사라졌을까? 과학자들은 화성의 물이 사라진 것은 약한 자기장 때문이라는 것을 알아냈다.

지구는 강한 자기장이 있어 태양에서 날아오는 전하를 띤 입자들을 모아 지구를 둘러싼 자기권을 만든다. 이 자기권은 큰 에너지를 가진 입자들이 지구 대기로 들어오는 것을 막아준다. 그러나 약한 자기장만을 가지고 있는 화성에서는 큰 에너지의 침입을 막아줄 자기권이 만들어지지 않는다. 따라서 태양에서 날아온 큰 에너지를 가진 입자들이 대기의 분자들을 이온화시켜 빠르게 운동하도록 한다. 빠르게 운동하는 이온들은 쉽게 우주 공간으로 달아날 수 있다. 이렇게 해서 지난 38억 년 동안 화성은 대기의 99%를 잃어버렸다. 대부분의 대기를 잃어버린 현재의 화성은 대기압이 너무 낮아 액체 상태의 물이 존재할 수 없는 행성이 되어버린 것이다. 관측 결과에 의하면 화성 표면에 흐르던 물은 현재 화성 지하에 얼음 상태로 묻혀 있다.

빠르게 회전하는 기체 행성인 목성.

목성, 토성, 천왕성, 해왕성과 같은 목성형 행성들은 여러 면에서 지구와 다르다. 가장 큰 차이점은 크기, 태양의로부터의 거리 그리고 구성 성분이다. 이 기체 행성들은 지구와 달리 고체로 된 표면이 없다. 모두 두께와 밝기가 다른 고리를 가지고 있으며 토성의 고리가 가장 밝고 가장 유명하다. 이 고리가 어떻게 만들어졌는지는 아직 확실하게 밝혀지지 않았지만 전에 있던 큰 위성이 부서져 흩어진 잔해들로 이루어졌을 가능성이 제기되고 있다.

한때는 행성이었지만 이제는 왜소행성으로 분류되는 명왕성도 지구와 비슷한 암석으로 이루어진 천체지만 여러 가지 면에서 지구와 다르다. 지구에서 받는 태양에너지의 1500분의 1밖에 받지 못함에도 불구하고 명왕성도 어둡지는 않다. 명왕성에서 보는 햇빛은 보름달의 달빛보다 약 250배나 더 밝다. 하지만 태양에서 멀리 떨어져 있어 표면 온도는 -200℃ 정도로 낮다. 1994년에 허블 우주 망원경이 명왕성 표면의 85% 정도 되는 지역의 영상을 얻는 데 성공했는데 이 영상에는 밝은 지역과 어두운 지역이 나타나 있었다. 밝은 지역은 얼어붙은 질소가 덮고 있는 지역이며 어두운 지역은 최근에 만들어진 충돌 크레이터이거나 햇빛과의 상호작용에 의해 색깔을 띠게 된 메탄 얼음일 것으로 생각된다.

태양계에는 여덟 개의 행성 외에도 이 행성들을 돌고 있는 수많은 위성들이 있다. 그중에는 수성이나 명왕성보다 큰 것도 있으며 대기나 물을 가지고 있는 위성도 있다. 그러나 위성들의 대기는 지구의 대기와는 전혀 다르다. 토성의 위성인 타이탄은 두꺼운 대기층을 가지고 있으며 표면의 대기압은 지구의 대기압보다 50% 더 크다. 타이탄의 대기는 지구의 대기처럼 대부분 질소로 이루어져 있으며 약 6%의 아르곤, 약간의 메탄 그리고 시안화수소, 이산화탄소, 물을 비롯한 다른 10여 종의 성분으로 이루어져 있다. 타이탄 대기 상층부에서는 유기물도 발견되는데 이 유기물들은 메탄이 태양 빛에 파괴되면서 만들어진 것으로 보인다. 이것이 지구의 대도시 부근에서 발견되는 것과 비슷한 스모그를 만든다. 일부 과학자들은 생명체가 살기 시작하기 전 지구의 대기 상태가 타

타이탄.

이탄의 대기 상태와 비슷했을 것이라고 믿고 있다.

해왕성의 가장 큰 위성인 트리톤도 얇기는 하지만 대기를 가지고 있다. 대부분이 질소와 약간의 메탄으로 이루어진 트리톤의 대기는 표면에서 5~10km까지 얇은 안개가 뻗어 있다.

화산활동이 활발한 목성의 위성 이오도 대기라고 할 수 있는 것을 가지고 있다. 이오의 대기는 화산에서 분출된 이산화황이 주성분이다. 얼음으로 뒤덮인

목성과 갈릴레이 위성들.

목성의 위성 가니메데와 유로파도 산소를 포함한 엷은 대기를 가지고 있다. 그러나 지구에서와 달리 이 위성들의 대기에 포함된 산소는 생명체가 만들어낸 것이 아닐 가능성이 높다. 아마도 햇빛이나 전하를 띤 입자가 얼음 표면에 부딪히면서 만들어낸 수증기가 수소와 산소로 분리된 후 가벼운 수소는 우주 공간으로 날아가고 산소만 남았을 것이다.

태양계에 존재하는 행성이나 위성의 상태는 생명체가 살아가기에는 적당하지 않다. 그러나 지구의 가장 혹독한 환경에도 생명체가 살아가고 있는 것을 보면 이런 행성이나 위성에 생명체가 있을 가능성을 완전히 배제할 수도 없다. 따라서 외계 생명체를 찾는 일은 태양계 내에 있는 다른 행성과 위성에서부터 시작해야 할 것이다.

지구의 현재 상태

　태양계의 세 번째 행성인 지구는 초속 약 29.8km/s의 속력으로 태양 주위를 돌고 있다. 지구 공전궤도의 둘레는 9억 4000만 km이고 한 바퀴 도는 데 걸리는 시간은 365.25일, 즉 8766시간이 걸린다. 지구에서 태양까지의 평균 거리는 1억 4970만km이다. 이 거리는 30만km/s의 속력으로 달리는 빛이 약 8분 20초 정도 걸려 도달할 수 있는 거리다.

　지구의 공전궤도는 타원이기 때문에 지구궤도에는 태양으로부터 가장 가까운 점과 가장 먼 점이 있다. 지구궤도 중 태양에서 가장 가까운 점을 근일점, 가장 멀리 있는 점을 원일점이라고 한다. 근일점은 태양으로부터 약 1억 4750만 km 떨어진 곳에 있고, 지구는 매년 1월 3일경에 이 지점을 통과한다. 원일점은 태양으로부터 1억 5250만 km 떨어진 점에 있고 지구는 매년 7월 4일경에 이 점을 통과한다.

　근일점을 통과하는 1월 3일경에는 원일점을 통과하는 7월 4일경에 비해 태양으로부터 받는 평균 에너지가 7% 증가한다. 그러나 지구의 평균온도는 반대로 2.3℃ 낮아진다. 지구가 원일점을 통과하는 7월에는 육지가 많은 북

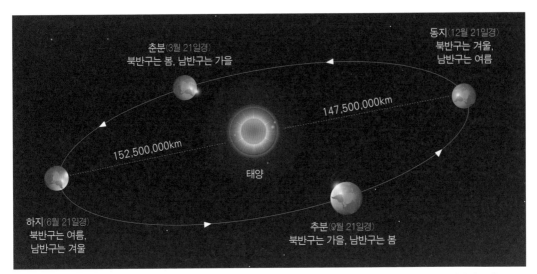

지구의 공전궤도. 지구는 7월 4일에 원일점을 통과하고, 1월 3일에 근일점을 통과하며 3월 21일경과 9월 2일경에 춘분점과 추분점을 통과한다.

반구가 태양을 향하고 있어 가열되기 쉽고, 근일점을 통과하는 1월에는 바다가 많은 남반구가 태양을 향하고 있어 온도가 올라가기 어렵기 때문이다. 북반구와 남반구의 여름의 길이가 다른 것도 원일점에서 온도가 높은 이유다. 케플러의 행성 운동 법칙에 의하면, 원일점에 있을 때는 근일점에 있을 때보다 공전 속도가 느려진다. 따라서 북반구의 여름은 남반구의 여름보다 2~3일 더 길다. 다시 말해 햇빛이 북반구를 수직으로 비추는 시간이 남반구를 수직으로 비추는 시간보다 길어 원일점에서 더 많은 태양 빛을 받을 수 있다.

  지구의 크기를 처음 측정한 사람은 알렉산드리아 시대의 지리학자였던 에라토스테네스[BC 276?~194?]였다 에라토스테네스는 기원전 225년경에 지구가 구형이라는 것과, 태양이 달보다 적어도 20배 멀리 있어서 태양 빛이 지구 표면에 평행하게 도달한다고 가정한 뒤 이를 이용하여 지구의 크기를 측정했다. 알렉산드리아보다 약 800km 남쪽에 있는 시에네에는 하짓날 태양이 수직으로 비췄지만 알렉산드리아에서는 7° 각도로 비췄다. 에라스토테네스는 간단한 계산을 통해 지구 둘레를 알아냈다. 그가 알아낸 값은 정확하지는 않았지만 현재 우리가 알고 있는 값인 4만 30km에 매우 근접한 것이었다. 지구는 자전으로 인해 적도 지방이 약간 부풀어 있기 때문에 적도를 따라서 잰 지구의 둘레는 40,075.16km이고 남극과 북극을 통과하는 둘레는 약 40,008km이다.

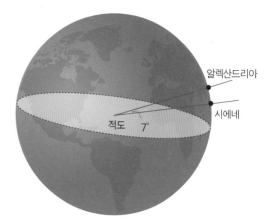

에라스토테네스의 지구 둘레 측정.

지구의 둘레를 알면 지구의 지름과 부피는 쉽게 계산할 수 있다.

지구의 밀도를 알기 위해서는 지구의 질량을 알아야 한다. 밀도는 질량을 부피로 나눈 값이기 때문이다. 지구 질량을 처음으로 측정한 사람은 영국의 물리학자 헨리 캐번디시[1731~1810]였다. 캐번디시는 두 물체 사이에 작용하는 중력을 측정하여 중력 상수의 값을 알아내고, 물체와 지구 사이의 중력을 측정하여 지구의 질량을 알아냈다. 캐번디시가 얻은 관측 자료는 매우 정밀한 것이었지만 계산에 오차가 있어 그는 지구의 평균 밀도를 $5480kg/m^3$이라고 했다. 오늘날 받아들여지는 지구의 평균 밀도는 $5513kg/m^3$이다. 지구는 태양계의 모든 천체 중에서 가장 밀도가 높다.

지구는 태양을 공전하면서 스스로의 축을 중심으로 자전하고 있다. 지구의 자전주기는 24시간이다. 그러나 이것은 태양을 기준으로 했을 때다. 별들을 기준으로 하는 자전주기, 즉 항성일은 23시간 56분 0.409053초다. 지구는 자전하면서 공전하기 때문에 지구의 같은 면이 태양을 향하기 위해서는 4분을 더 돌아야 한다.

지구 자전축으로부터 지구 표면까지의 거리는 위도에 따라 다르다. 극에서는 자전축에서 표면까지의 거리가 0이고 적도에서는 지구 반지름과 같다. 따라서 자전에 의한 표면의 속도도 위도에 따라 달라진다. 적도 위에서는 24시간 동안 4만 75km를 움직이게 된다. 따라서 적도에서의 자전에 의한 속도는 1670km/h 정도다. 그러나 극에서는 자전에 의한 속도가 0이다. 그 외 지방에서는 적도에 가까워지면 속도가 빨라지고 극에 가까워지면 느려진다.

지구의 자전 속도는 지구가 탄생했을 때부터 같은 속도였던 것은 아니다. 단세포생물이 유일한 생명체이던 9억 년 전에는 하루의 길이가 18시간이었으며 1년의 길이는 481일이었을 것으로 추정하고 있다. 지구와 달의 중력에 의한 상호작용으로 인해 지구의 자전 속도는 시간이 지나면서 느려졌다. 지구의 자전주기는 지금도 100년마다 0.0015초씩 길어지고 있다. 과학자들은 수십억 년 후에는 달의 공전주기가 현재의 27.3일에서 47일로 바뀔 것으로 예측하고 있다.

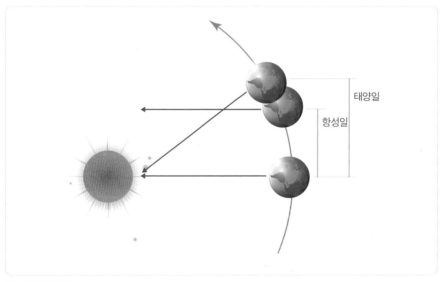

항성일과 태양일.

지구의 대기

　지구의 대기는 약 77%의 질소와 21%의 산소, 소량의 아르곤, 이산화탄소, 수증기 그리고 다른 화합물과 원소들로 이루어졌다. 지구의 대기는 지구를 보호하는 중요한 역할을 하고 있다. 우선 대기는 온실효과를 통해 지구의 온도를 높게 유지하고 있으며, 대류를 통해 적도 지방의 에너지를 극지방으로 날라다 주어 지구 전체의 온도 차이를 줄이는 역할을 하고 있다. 온실효과는 태양에서 오는 파장이 짧은 전자기파는 잘 통과시키고 지표면에서 방출하는 파장이 긴 적외선은 흡수하여 지구 표면의 온도를 올리는 현상을 말한다. 메탄이나 이산화탄소, 수증기 등은 온실효과를 나타나게 하는 기체여서 온실기체라고도 부른다. 지구 대기에서는 이산화탄소가 주로 온실효과를 나타나게 하고 있다. 따라서 지구 대기의 이산화탄소 함유량은 생명체에게 매우 중요한 환경 요소가 된다.

　지구가 처음 형성되었을 때는 대기에 이산화탄소가 80%나 포함되어 있었지만 25억 년 동안 20~30% 줄어들었을 것으로 보고 있다. 그 이후 이산화탄소는 석회암을 형성했고 적은 양은 바닷물에 녹아들었으며 식물이 소비하여

우주에서 보면 푸른색으로 보이는 얇은 층의 대기가 지구를 둘러싼 것을 볼 수 있다.

생물 물질을 만들었다. 오늘날에는 대륙의 이동, 대기와 해양 사이의 기체 교환, 식물의 광합성 작용이나 호흡과 같은 생물학적 반응이 복잡한 이산화탄소의 흐름에 영향을 주어 평형을 유지하도록 하고 있다.

과학자들은 인류가 대기에 투입한 이산화탄소가 지구 표면 온도를 생명체 생존에 큰 영향을 줄 수 있을 정도로 바꿀 수 있느냐 하는 문제에 대해 토론 중이다. 많은 과학자들이 1750년대에 시작된 산업화 이후 사람들이 대기로 방출한 이산화탄소의 영향이 이미 나타났다고 믿고 있다. 1800년대 이후 지구 표면의 평균온도는 적어도 1℃ 높아진 것으로 관측되었다. 그러나 자연적인 원인에 의한 증가를 포함하여 얼마나 많은 양의 이산화탄소가 증가해야 파괴적인 변화를 가져올 것인지에 대해서는 아직 아무도 모르고 있다.

지구 대기가 매우 반응성 강한 기체인 산소를 다량 포함하고 있는 것은 흥미 있는 일이다. 대부분의 환경에서 산소 기체는 다른 원소와 쉽게 결합하여 사라진다. 그러나 지구 대기 중의 산소는 생물의 광합성 과정을 통해 계속 만들어진다. 지구에 생명체가 없어진다면 산소 기체는 대기 중에서 곧 사라질 것이다.

지구가 처음 형성되었을 때는 지구 대기에 산소 기체가 거의 포함되어 있지 않았지만 광합성을 하는 생명체가 나타나 산소 기체를 방출하면서 대기 중에 포함되게 되었다. 그 결과 지구의 환경은 크게 변했다. 산화되지 않은 물질이 많아 여러 가지 화학반응이 쉽게 일어날 수 있었던 원시 지구에서는 생명체 발생에 필요한 화학반응도 쉽게 일어날 수 있었을 것이다. 그러나 모든 물질이 산화되어 안정한 물질로 변한 다음에는 더 이상 그런 화학반응이 가능하지 않게 되었다.

지구 대기의 여러 층

대기권은 물리적 성질에 따라 몇 개의 층으로 구분할 수 있다. 대기권의 가장 아래 있는 층으로 기상 현상이 일어나 우리의 일상생활에 가장 많은 영향을 주는 부분이 대류권이다. 대류권은 지표면의 복사열에 의해 가열되므로, 지구 표면에 가까울수록 온도가 높고 고도가 높아질수록 낮아진다. 즉 온도가 높은 가벼운 공기가 온도가 낮은 무거운 공기보다 아래쪽에 있는 불안정한 구조를 이루고 있어 난류와 같은 격렬한 기상 현상이 쉽게 발생한다. 대류권에는 전체 대기 질량의 약 80%가 포함되어 있다. 극지방에서는 지표면으로부터 7~8km 정도까지의 영역이며, 적도 지방에서는 더 높아 18km 정도까지가 대류권에 속한다.

성층권은 대류권 다음에 있는 층으로, 오존이 태양에너지를 흡수하여 가열되므로 고도가 높아질수록 온도가 상승한다. 온도가 높은 공기가 온도가 낮은 공기보다 위에 있는 안정된 구조 때문에 성층권에서는 난류가 발생하지 않으므로 비행기의 비행고도로 이용된다. 지표면으로부터 50km 정도까지의 영역이다.

중간권은 다시 고도가 올라갈수록 온도가 감소하는 영역이다. 이 영역에서는 대류 현상이 일어나 약간의 구름이 형성되기도 하지만 비나 눈이 오는 것과 같은 기상 현상은 일어나지 않는다. 지상 50~80km까지가 중간권이다.

중간권 다음에 있는 열권에서는 밀도가 낮아 적은 열로도 온도가 많이 올라가기 때문에 고도가 높아질수록 온도가 올라간다. 열권에서는 태양풍을 받아 원자가 전리되어 전리층이 만들어진다. 강한 전리층은 전파를 반사하며, 이러한 반사 현상을 이용하여 원거리 무선통신을 하기도 한다. 지상 80~90km 사이에서 시작하여 500~1000km까지의 높이로 오로라가 발생하는 부분이다.

외기권은 우주 공간과 연결된 지구 대기의 가장 바깥쪽 영역이다. 외기권에서는 수소와 헬륨이 우주 공간으로 달아나기도 한다. 500~1000km 사이의 높이에서 시작하여 1만km 정도까지를 말하지만 점차적으로 공기가 없는 우주 공간으로 연결되므로 대기권이 끝나는 지점은 특별한 의미가 없다.

지구 대기의 중요한 작용 중 하나가 외계에서 오는 해로운 방사선을 막아주는 것이다. 대기 중에 포함된 산소 일부는 대기 상층부에서 오존층을 형성하는데 오존층은 생명체에게 해로운, 파장이 짧은 자외선을 97~99% 정도 흡수한다. 과학자들 중에는 지구 역사에 있었던 대멸종 사건 일부가 천문학적 사건에 의해 오존층이 파괴되어 일어났을 것이라고 주장하는 사람들도 있다.

전리층은 태양으로부터 오는 복사에 의해 대기가 이온화된 영역으로, 오로라가 일어나는 층이다. 태양 빛을 받는 낮 동안에는 전리층이 지상 50~1000km까지 만들어진다, 이는 중간권, 열권 그리고 외기권 일부를 포함하는 영역이다. 그러나 태양 빛을 받지 않는 밤에는 중간권에서 이온화가 일어나지 않으므로 오로라는 열권과 외기권의 낮은 부분에서 일어난다. 자기권 안쪽 가장자리를 형성하고 있는 전리층은 라디오파의 전달에 영향을 주기 때문에 사람들의 생활과 밀접한 관계가 있다.

지구 대기의 변천 과정

지구 형성 초기의 지구 대기는 주로 태양계를 형성시킨 성운에 포함되었던 수소와 헬륨으로 이루어졌을 것이다. 아마도 현재 목성이나 토성과 같은 거대한 기체 행성의 대기에서 발견되는 수증기나 메탄,

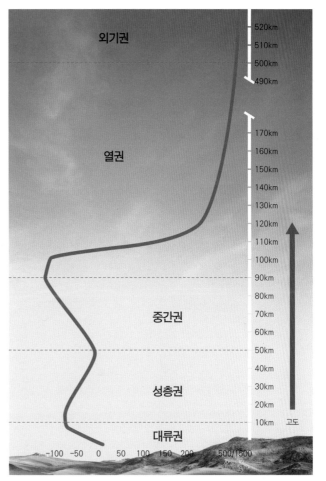

높이에 따른 지구 대기의 온도 변화.

암모니아 같은 간단한 형태의 수소화물도 포함되어 있었을 것이다. 태양계가 형성된 후에는 지구 대기에 포함되어 있던 가벼운 기체들의 많은 부분이 우주 공간으로 날아갔을 것이다. 지구의 중력이 수소나 헬륨과 같은 가벼운 기체들을 잡아둘 정도로 충분히 강하지 않았기 때문이다.

지구는 활발한 지각운동이 일어나고 있는 행성이다. 지구 대기에는 화산 폭발에 의해 공급된 많은 양의 질소와 이산화탄소, 비활성 기체가 포함되었다.

그런가 하면 지구 형성 초기에 있었던 소행성 충돌도 이런 기체를 지구 대기에 공급하는 역할을 했을 것이다. 이런 과정을 통해 지구 대기에 공급된 엄청난 양의 이산화탄소는 물에 녹아 탄산염 퇴적물을 형성했다. 물과 관련된 퇴적물들은 38억 년 전부터 형성되었다. 약 34억 년 전의 지구 대기는 안정된 상태의 질소가 대부분을 차지하고 있었다. 형성된지 얼마 안 된 원시 태양이 현재보다 30% 적은 양의 에너지를 방출하던 지구 형성 초기에 어떻게 지구가 액체 상태의 물과 생명이 존재할 수 있는 따뜻한 기후를 유지하였는지는 아직 풀리지 않는 수수께끼다.

지구 대기에는 원생누대 말기인 27억 년 전부터 남조류가 광합성을 통해 공급한 산소가 포함되기 시작했다. 초기 지구 대기에 포함되었던 탄소동위원소의 비율은 현재 대기의 탄소동위원소 비율과 매우 비슷했다는 것이 밝혀졌는데, 이는 현재 우리가 알고 있는 안정적인 탄소순환이 약 40억 년 전부터 이미 이루어지고 있었음을 보여준다. 지구 대기에 산소가 포함되면서 만들어진 산화물은 약 21.5억년에서 20.8억 년 전 사이에 형성된 아프리카 가봉에서 발견된 오래된 퇴적물의 분석을 통해 알 수 있다.

지구 대기에 산소가 포함되기 시작한 것은 약 24억 년 전부터이다. 이 시기 이전에 광합성을 하는 생물들에 의해 분리된 산소는 물에 녹아 있던 철과 같은 금속을 산화시키는 데 사용되었기 때문에 대기 중으로 유출되지 않았다. 그러다 광합성을 하는 생명체들에 의해 만들어지는 산소의 양이 금속을 산화시키는 데 소요되는 산소의 양보다 많아지면서 대기 중으로 방출되기 시작했다. 대기 중에 포함된 산소의 양은 원생누대 말에 15%의 안정 상태에 도달할 때까지 커다란 변화를 겪었다.

한동안 안정적인 상태를 유지하던 대기 중 산소의 양은 원생누대 말기인 6억 년 전부터 다시 증가하기 시작하여 고생대 말기인 2억 8000만 년 전에는 현재의 산소 함량인 약 21%의 약 1.5배인 30%까지 이르면서 최고치에 도달했다. 당시 지구에 널리 분포했던 곤충들의 크기가 현재의 곤충들보다 훨씬 컸던 것은 이 같은 높은 산소 함량 때문이었다.

지구 대기에 포함된 산소의 함량이 이처럼 크게 변한 원인에 대해서는 여러 가지 학설이 있을 뿐, 확실하게 밝혀진 것은 아직 없다. 과학자들은 두 가지 상반된 효과를 나타내는 중요한 과정이 대기에 포함된 산소의 양을 증가시키기도 하고 감소시키기도 한 것으로 보고 있다. 하나는 광합성 작용을 하는 식물들이 대기 중의 이산화탄소를 사용하고 산소를 배출하여 대기 중 산소 함량을 높이는 것이다. 또 다른 하나는 화산 폭발로 인해 대기로 방출된 황이 대기 중에 포함되어 있던 많은 양의 산소를 환원시켜 대기 중 산소의 함량을 줄이는 것이다. 그러나 화산 분출의 경우에는 광합성에 사용될 대기 중 이산화탄소의 양을 늘려 대기 중 산소의 양을 증가시키는 방향으로 작용하기도 했다.

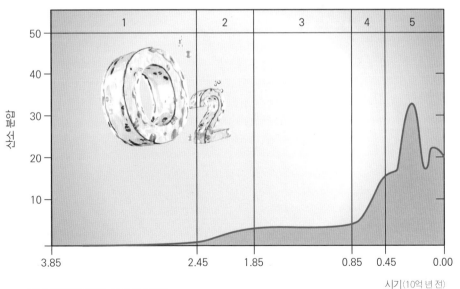

지구 대기에 포함된 산소량의 변화.

대기 중에 많은 양의 산소가 포함되었던 기간 동안에는 산소를 필요로 하는 생명체의 진화가 촉진되었으리라는 것은 쉽게 추정할 수 있다. 현재 지구 대기 중에는 지구 상의 동물들이 살아가는 데 충분한 약 21%의 산소를 포함하고 있다. 지질학적 역사를 통해 진화와 멸종을 거듭해온 지구 상의 생명체들은 대기 중에 포함된 산소의 양에 큰 영향을 받고 또 주었다. 따라서 지구에서 생명체 진화의 역사는 생명체와 대기의 상호작용의 역사라고 할 수 있다. 현재 인류는 과거 지구 상에 존재했던 어떤 생명체보다 대기의 조성에 큰 영향을 주고 있다. 인류에 의해 변화된 지구 대기의 조성은 다시 인류의 생존에 영향을 줄 것이다. 지구 대기와 지구 생명체는 상호작용을 통해 서로 영향을 주고받아왔고 앞으로도 그럴 것이기 때문이다.

지구의 바다

 지구는 물의 행성이라 부를 정도로 많은 물을 가지고 있다. 물은 지구 생태계에서 중요한 역할을 한다. 지구에 존재하는 물의 97.2%는 바다에 있고, 나머지 2.8%는 극지방이나 높은 산의 빙하, 대기에 포함된 수증기 그리고 호수에 있다. 바다의 평균 깊이는 3798m다. 이는 해수면으로부터의 평균 높이가 840m인 육지 높이의 5배나 된다. 대양 중에는 태평양이 가장 깊어 평균 깊이가 4188m나 되고, 인도양은 3872m, 대서양은 3735m, 북극해는 1038m다. 지구 상에서 가장 깊은 곳은 마리아나 해구로 깊이는 1만 1034m다.

 바다의 온도는 깊이나 위도에 따라 달라지지만 과학자들은 87%의 바닷물의 온도는 평균 4.4℃ 이하일 것이라고 추정한다. 그러나 지역에 따라 바다의 온도는 큰 차이를 보인다. 페르시아 만의 수온은 40℃나 되고, 적도 지방의 평균 수온도 약 29.4℃이지만 1년 내내 차가운 얼음으로 덮여 있는 북극해와 남극 바다의 수온은 0℃에서 4.4℃ 정도다.

 우주에서 바다를 보면 푸른색으로 보인다. 그 이유는 바닷물이 푸른색 이외의 빛은 흡수하고 푸른색 빛은 반사하기 때문이다. 바닷물이 작은 유기물을 많이 포함하고 있으면 색깔은 짙은 푸른색이 된다. 해양식물이 있으면 더 많은 푸른빛을 흡수하고 녹색 빛은 반사함에 따라 바다의 색깔이 변한다. 과학자들은 이러한 관측 결과를 해양식물의 양과 해양의 생산성, 해로운 조류의 이상증식 그리고 다른 종류의 오염에 대한 자료를 모으는 데 이용하고 있다.

서로 색이 다르게 보이는 바다.

지구의 내부

　지구 내부에서 무슨 일이 일어나고 있는지에 대한 지식은 모두 지진과 관련된 자료를 분석하여 알게 된 것들이다. 천문학자들이 멀리 있는 별들에 대한 정보를 알아내기 위해 별에서 오는 전자기파를 분석하는 것처럼 지구과학자들은 지구 내부 구조에 대한 정보를 얻으려고 지구를 통해 전달되는 지진파를 분석한다.

　지진이 일어나면 땅이 흔들려 3~15km/s의 속력으로 퍼져나가는 지진파가 발생한다. 지진파는 지표면을 통해 전달되는 지진파와 지구 내부를 통해 전달되는 지진파가 있다. 건물이나 구조물에 손상을 주는 지진파는 주로 지표면을 통해 전달되는 지진파다. 그러나 지구 내부 연구에 이용되는 지진파는 지구 내부를 통해 전달되는 지진파다.

　지표면을 통해 전달되는 지진파는 러브파와 레일리파로 나눌 수 있다. 영국 수학자 오거스터스 에드워드 휴 러브[1863~1940]의 이름을 따서 러브파라고 부르는 이 파동은 지진파가 진행하는 방향과 수직하게 좌우로 진동하는 파동으로 4.4km/s의 속력으로 전달된다. 영국의 물리학자 존 스트럿 레일리[1842~1919]

의 이름을 따서 레일리파라고 부르는 지진파는 약 3.7km/s의 속력으로 전달되는 지진파로 가장 큰 파괴력을 가지고 있다. 레일리파는 호수에 돌을 던졌을 때 중심에서 바깥쪽으로 퍼져나가는 물결파와 비슷한 방법으로 퍼져나간다. 물결파가 퍼져나갈 때 물은 일정한 지점에서 원원동이나 타원운동을 한다.

지구 내부를 통해 전달되는 지진파는 P파와 S파로 나눌 수 있다. P파는 종파로 밀도가 큰 부분과 작은 부분을 교대로 만들면서 전달되는 파동이다. P파는 횡파인 S파보다 두 배나 빠른 속도로 전달된다. S파는 암석은 통과할 수 있지만 액체는 통과할 수 없다. 일반적으로 두 파동은 모두 뜨거운 물질을 통과할 때 속도가 느려지며 물리적 성질이 변하는 층을 지날 때는 반사하거나 굴절한다. P파와 S파가 전달되는 상태를 분석하면 지구 내부 구조에 대한 중요한 정보를 알 수 있다.

지진파를 이용한 조사에 의하면, 지구는 화학적 조성과 물리적 상태에 따라 지각, 맨틀, 외핵, 내핵의 네 층으로 나눌 수 있다. 지질학자들은 역학적 성질을 기준으로 지구 내부를 암석권과 연약권으로 나누기도 한다. 암석권은 평균 두께가 80km이며 지각과 맨틀 상층부 일부로 이루어졌다. 일반적으로 암석권은 아래쪽에 있는 용융 상태의 맨틀보다 온도가 낮아 단단하며 탄성이 크다. 해양 지역에서는 암석권이 얇고, 화산활동이 활발한 대륙 지역에서는 두껍다. 암석권은 대륙과 해양을 포함하는 이동하는 판들로 나누어져 있다. 암석권의 판들은 좀 더 부드러운 연약권 위에 떠서 이동하고 있다.

연약권은 일반적으로 지표면 아래 72~250km 사이에 있으며 높은 온도와 압력 때문에 뜨거운 반액체 상태의 물질로 이루어져 있어 유동성이 크다. 화학적 조성은 맨틀과 유사하다. 해양 지역에서는 연약권의 경계가 대륙 지역에서보다 지표면에 가깝다. 연약권의 윗부분은 대륙과 해양을 포함한 암석권의 판들이 이동하고 있는 부분이다.

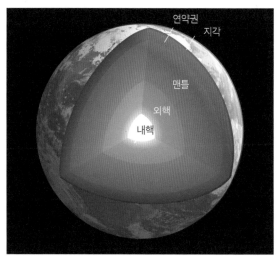

지구 내부 구조. © cc-by-sa-3.0; Kelvinsong

지각

지각은 지구의 가장 바깥층으로 우리가 가장 잘 알고 있는 층이다. 지각은 단단하고 부서지기 쉬운 물질로 이루어져 있으며 맨틀이나 외핵, 내핵에 비해 상대적으로 얇다. 육지와 해양 아래에는 두께와 화학적 조성이 다른 대륙지각과 해양지각이 있다. 해양지각의 두께는 5~10km 사이로 평균 두께는 7km이며, 대륙지각의 두께는 25~100km 사이로 평균 두께는 30km이다. 가장 두꺼운 대륙지각은 대부분 시에라네바다, 알프스, 히말라야 같은 큰 산맥 밑에 있다. 이런 지역의 지각 두께는 100km나 된다.

해양지각은 현무암과 비슷한 철을 많이 포함한 어두운 암석으로 이루어졌으며, 대륙지각을 이루는 암석은 밝은색이고, 각섬석에 약간의 수정이 섞인 사장석과 장석으로 이루어진 섬록암으로 이루어져 있다. 해양지각의 밀도는 $3kg/m^3$이지만 대륙지각의 밀도는 이보다 작아 $2.50kg/m^3$이다. 지각의 온도는 700℃에서 0℃ 사이이다.

지각과 맨틀의 경계면의 존재를 처음 알아낸 과학자는 크로아티아의 지질학자 안드리야 모호로비치치[1857~1936]다. 1909년에 모호로비치치는 지진파를 분석하여 지하 약 54km에서 지진파의 속도가 갑자기 변한다는 것을 알아냈다. 과학자들은 지진파의 속도가 6km/s에서 8km/s로 갑자기 변하는 것은 밀도가 작은 지각에서 밀도가 큰 맨틀로 바뀌기 때문이라는 것을 알아냈다.

대부분의 내부 층과 마찬가지로 모호로비치치 불연속면의 깊이도 일정하지 않다. 대륙 아래에서는 모호로비치치 불연속면이 지하 약 35km에 있지만 전체적으로는 지하 20~90km 사이에 위치한다. 해양 아래에서는 모호로비치치 불연속면이 해저로부터 평균 5~7km 아래 있다.

맨틀

맨틀의 평균 두께는 2900km 정도로 지구 전체 질량의 68.3%를 차지하고 있다. 맨틀은 지진파의 속도 변화와 조성의 차이를 이용하여 상부 맨틀과 하부 맨틀로 나눈다. 상부 맨틀은 대륙지각 아래서는 지하 20~70km 사이에 있고 해양지각 아래서는 5km에서 시작된다. 상부 맨틀은 지하 약 410km에서 하부 맨틀로 전이된다. 이 전이대를 지나면 하부 맨틀이 지하 약 410km에서 시작하여 지하 약 1885km까지 계속된다. 관측 기술의 발전으로 과학자들은 맨틀에서 지진파의 속도와 조성이 변하는 여러 개의 불연속면을 찾아냈다. 불연속면들은 화학적 조성이나 물리적 상태의 변화로 지진파의 속도가 달라지는 경계면이다.

1913년에 독일 지구물리학자 베노 구텐베르크[1889~1960]가 처음으로 맨틀과 외핵 경계의 대략적인 위치를 발견했다. 이것이 현재 구텐베르크 불연속면이라고 불리는 전이 지역이다. 이곳은 지진파의 속도가 줄어드는 지역으로, 반고체 상태의 맨틀과 용융 상태의 철-니켈 합금으로 된 외핵 사이에 있다.

외핵

1906년에 지진파의 자료를 이용하여 액체 상태에 있는 핵의 존재를 처음으로 제안한 사람은 올덤[R. D. Oldham, 1858~1936]이다. 지구 전체 질량의 29.3%를 차지하고 있는 외핵은 지표면 아래 2885~5155km 사이에 있다. 액체 상태

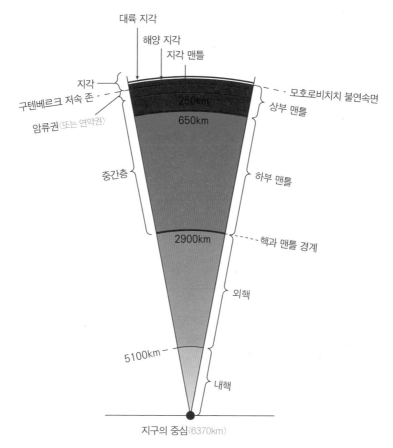

지구 내부를 이루는 층들의 구조.

로 이루어진 외핵에서는 온도에 따라 달라지는 밀도 차이로 인해 대류가 발생하여 물질이 이동하고 있다. 외핵에서의 대류 운동이 지구 자기장을 만드는 원인이라고 믿어지고 있다.

용융 상태의 외핵은 대류 작용을 통해 열을 방출하고, 전류를 발생시킨다. 이동하는 액체의 회전 효과로 지구 자전축 주위에 자기장이 만들어진다. 곡선 모양의 자기력선은 태양에서 날아온 전하를 띤 입자들과 상호작용하여 지구를 둘러싼 눈물방울 모양의 자기권을 형성한다.

고자기 측정 기록은 이 자기장이 적어도 30억 년 동안 존재했다는 것을 알려준다. 과학자들은 지구 내부 깊은 곳에서 핵의 상호작용과 같은 메커니즘이 없다면 자기장은 단지 2만 년 정도만 존재할 수 있다는 것을 알고 있다. 지구 내부의 온도가 영구적으로 자성을 유지하기에는 너무 높기 때문이다. 지구 자기장은 지구 상에 살아가는 생명체의 생존에 매우 중요한 요소다. 자기장이 없다면 지구 생명체들이 큰 파괴력을 가진 위험한 우주 방사선에 그대로 노출되어 생존이 위협받을 것이다.

고대 암석을 분석한 자료를 이용하여 과학자들은 지구 자기장의 북극과 남극이 여러 차례 바뀌었다는 사실을 알아냈다. 북극이 남극으로 바뀌는 자기장 반전은 수천 년에 걸쳐 일어나며 한 차례 반전이 일어난 다음에는 안정한 기간이 약 20만 년 정도 지속되는 것으로 보인다. 아직 자기장 반전이 일어나는 메커니즘은 충분히 이해하지 못하고 있다.

흥미로운 점은 현재의 북극과 남극을 만든 마지막 자기장 반전이 78만 년 전에 있었다는 것이다. 과학자들은 현재 지구장이 서서히 약해지고 있다고 믿고 있다. 따라서 지구는 자기장 반전을 향해 다가가고 있는지도 모른다. 과학자들은 자기장의 극과 지리적인 극이 멀어졌을 때 자기장의 반전이 일어난다고 주장한다. 현재가 바로 그런 경우다. 그러나 언제 자기장 반전이 일어날지 예측할 수 있는 방법은 아직 없다. 연구자들은 우리 조상들이 몇 번의 자기장 반전을 겪고 살아남았다는 것을 알고 있다. 과거 지구에 있었던 자기장 반전이 지구 생명체들의 멸종과 연관되어 있다는 증거도 없다. 자기장 반전은 우리가 생각하고 있는 것보다 훨씬 커다란 환경 변화를 불러올 수도 있지만 단지 새로운 나침반을 사는 것에 지나지 않을지도 모른다.

과학자들은 오랫동안 외핵이 액체 상태라고 믿었다. 그러나 최근에 핵과 맨틀의 경계 부근에 단단한 작은 물질 덩어리들이 모여 있는 핵 강성층이 존재한다는 것을 발견했다. 핵 강성층은 지구의 자기장, 하와이 제도와 같은 화산 열점의 형성, 지구가 자전할 때 자전축이 흔들리는 세차운동과 같은 많은 현상에 영향을 주는 것으로 보인다.

일부 과학자들은 이러한 물질 덩어리들은 열이 핵에서 밖으로 흘러나가 용융 상태의 외핵이 고체 상태의 내핵으로 굳어지면서 만들어진다고 설명하고 있다. 이 과정은 외핵에 가벼운 원소가 풍부하게 존재하도록 만든다. 철보다 가벼운 원소들은 외핵 위쪽에 뜨면서 핵과 맨틀의 경계면에 고체 물질이 모이게 된다는 것이다. 그러나 실제로 핵 강성층이 만들어지는 과정은 이보다 훨씬 복잡할 것이다.

내핵

1936년에 덴마크의 지진학자 잉게 레만 [1888~1993]이 지구 내부에 고체 상태의 내핵이 존재한다는 것을 발견했다. 내핵과 외핵의 경계면을 레만의 불연속면이라고 부른다. 내핵의 크기는 네바다에서 지하 핵실험이 실시되던 1960년대가 되어서야 계산할 수 있었다. 폭발의 정확한 위치와 시간을 알 수 있기 때문에 내핵에서 반사되어온 지진파를 이용해 정확히 내핵의 크기를 결정할 수 있었다. 이런 관

잉게 레만. © cc-by-sa 4.0; OI-i.lavin

측 자료에 의하면, 내핵의 반지름은 1216km로 대략 달의 크기와 같다. 내핵은 지표면 아래 5150~6370km 사이에 있으며 태양 표면의 온도와 비슷하다. 주로 철과 니켈의 합금으로 이루어졌으며, 고체 상태인 내핵은 지구 전체 질량의 1.7%를 차지하고 있다.

달은 어떻게 만들어졌을까?

(44억 5000만 년 전)

지구 주위를 돌고 있는 달은 태양계 위성 중에서 다섯 번째로 큰 위성이다. 따라서 지구는 작은 크기에 어울리지 않는 큰 위성을 거느리고 있는 셈이다. 달의 지름은 약 3476km로, 1만 2740km인 지구 지름의 약 4분의 1이며, 지

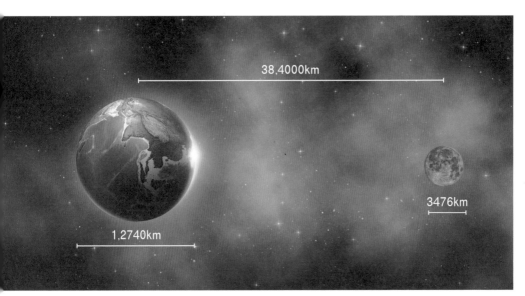

지름이 지구 지름의 약 4분의 1인 달은 지구로부터 약 38만km 떨어져 있다.

구에서 달까지의 평균 거리는 약 38만 4000km다. 달은 타원궤도를 따라 지구를 돌고 있기 때문에 달까지의 거리는 계속 달라진다.

직접 달에 가서 월석을 가져와 분석하기 전까지는 달의 기원을 설명하는 세 가지 이론이 팽팽하게 대립하고 있었다. 첫 번째 이론은 지구가 형성될 때 달도 함께 형성되었다는 것이었고, 두 번째 이론은 커다란 운석의 충돌로 지구에서 떨어져 나간 질량이 모여 달을 형성했다는 이론이었으며, 세 번째는 외계에서 만들어진 천체가 지구 부근을 지나다 지구 중력에 붙잡혀 지구를 도는 달이 되었다는 이론이었다.

그러나 1969년부터 여섯 차례에 걸쳐 아폴로 우주인들이 지구로 가져온 달 암석의 성분을 분석한 과학자들은 두 가지 결론을 내릴 수 있었다. 월석의 화학 성분이 지구 암석의 성분과 매우 비슷해서 달이 지구와 다른 장소에서 형성되었을 것이라는 가설을 제외할 수 있었다. 또한 달의 조성이 지구의 조성과 똑같지는 않아 지구와 달이 같은 물질에서 동시에 만들어지지도 않았다고 결론 지을 수 있었다.

지구와 달이 다른 장소에서 만들어진 것도 아니고, 같은 물질로 이루어진 것도 아니라면 달은 어떻게 만들어졌을까?

과학자들은 월석의 분석 결과를 종합하여 태양계 형성 초기에 있었던 대규모 충돌에 의해 달이 만들어졌다고 결론지었다. 새로운 충돌설은 예전의 충돌설과는 다른 것이었다. 예전의 충돌설에서는 커다란 충돌로 태평양 지역의 물질이 공간으로 날아 올라갔고 이 물질이 뭉쳐 달을 만들었다고 주장했다. 따라서 달의 성분이 지각의 성분과 같을 것이라고 생각했다. 그러나 월석을 분석한 후 새롭게 등장한 충돌설에서는 화성 크기의 천체가 지구와 충돌하면서 지구에서 방출된 물질에 이 천체가 가지고 있던 물질이 첨가되었다는 것이다. 충돌할 때의 강력한 힘으로 지구에서 떨어져 나간 물질과 충돌한 천체의 물

달을 형성시킨 천체의 충돌.

질 중 많은 부분이 우주 공간으로 날아가버리고 지구 주변에 남아 있던 물질이 모여 달을 형성했다는 것이다. 과학자들은 이 충돌이 지구가 형성된 후 1억 년 이내인 약 44억 5000만 년 전에 일어난 것으로 추정하고 있다.

화성 크기의 천체가 지구와 충돌했다면 충돌한 천체는 지금 어디 있을까? 충돌한 천체가 산산조각 났을 가능성은 매우 적은데도 불구하고 현재 이 천체를 발견할 수 없는 이유는 충돌이 빈번히 일어나던 태양계 초기의 격렬한 환경으로 돌아가서 찾아야 한다. 화성 크기의 천체가 지구와 충돌하면서 부서져 생긴 커다란 조각은 태양계를 떠돌다가 또 다른 행성과 충돌했을 것이다.

따라서 지구에 충돌했던 천체 조각들은 다른 행성이나 달의 일부가 되었을 것이다. 미행성들이 지구를 비롯한 행성에 빈번히 충돌하던 태양계 초기에는 화성 크기의 천체가 지구에 충돌한 사건은 수없이 일어났던 충돌 가운데 조금 큰 규모의 충돌일 뿐이었다.

처음으로 망원경을 이용하여 달을 관찰한 갈릴레이[1564~1642]가 바다라고 불렀던 달에서 크게 보이는 어두운 부분과 밝게 보이는 고지대는 화학적으로나 광물학적으로 다른 암석으로 이루어져 있다.

바다라고 부르는 부분은 실제로는 35억 년 전에 대규모 화산 분출로 형성된 어두운 화산암인 현무암 지대다. 충돌 크레이터가 상대적으로 적게 분포된 어두운 바다는 달 표면의 16%를 차지하고 있다. 이런 지역은 대부분 오래전에 형성된 충돌 분지 안에 분포되어 있으며, 지구를 향한 부분에 집중되어 있다. 상대적으로 밝고 많은 크레이터가 분포해 있는 고지대를 테라[Terra]라고 부른다. 고지대의 크레이터와 분지는 운석의 충돌로 40억 년 전에 형성된 것으로 추정된다. 크레이터들이 많이 분포해 있는 곳은 오래된 지역이다. 따라서 크레이터가 많은 고지대가 화산암으로 이루어진 바다보다 더 오래된 지형이라는 것을 알 수 있다.

달.

달의 구성 성분은 지구 맨틀의 구성 성분과 비슷하다. 1960년대 말부터 1970년대 초에 실시된 아폴로 프로젝트 덕분에 과학자들은 약 400kg의 월석과 토양을 분석할 수 있었다. 월석을 분석한 결과, 달 토양의 조성은 이산화규소 43%, 산화철 16%, 산화알루미늄

13%, 산화칼슘 12%, 산화마그네슘 8% 등이다. 이러한 조성은 지구의 맨틀 조성과 매우 비슷해 달이 지구에서 떨어져 나갔음을 증명하기에 충분하다. 그러나 동시에 달의 조성이 지구 맨틀의 조성과 똑같지는 않아 지구에 충돌한 다른 천체의 성분이 섞였음을 증명하기에도 충분하다.

달에는 대기가 없다. 달 표면 바로 위의 공간은 완전한 진공이 아니지만 달의 대기 밀도는 지구 대기 밀도의 10^{-15}배다. 1972년에 '아폴로 17호'가 수집한 자료에 의하면, 달 표면에는 아르곤과 헬륨 원자들이 있다. 그리고 1988년까지 지구에서 관측을 통해 나트륨과 인 이온도 검출되었다. 두꺼운 대기층을 가지고 있는 많은 행성들의 경우에는 전리층 바깥쪽에서 우주 공간과 연결되는 희박한 외기권이 수 km나 펼쳐져 있다. 그러나 달은 외기권이 달 표면 바로 위에서 시작된다.

지구에 가장 가까이 있는 천체인 달은 지구에 가장 강한 중력을 작용한다. 바다에서 일어나는 조석 작용이 달의 중력 작용으로 일어난다는 것은 누구나 알고 있는 사실이다. 달의 중력은 바다에만 미치는 것이 아니라 육지에도 미쳐 달이 공전함에 따라 육지도 조금씩 들썩거린다. 달에서도 지구의 중력으로 달 표면이 약간씩 들썩거린다. 이런 조석 작용은 지구와 달의 자전과 공전 운동에 브레이크를 거는 것과 같은 역할을 하기 때문에 조석 브레이크 작용이라고도 한다. 조석 브레이크 작용은 달의 공전주기와 지구의 자전주기가 같아질 때까지 계속될 것이다.

달이 항상 한쪽 면만 지구를 향하고 있는 것은 달에서의 조석 브레이크 작용을 통해 달의 자전주기와 공전주기가 같아졌기 때문이다. 이런 현상은 태양 가까이에서 태양을 돌고 있는 수성이나 태양계의 행성들을 돌고 있는 여러 개의 위성들에서도 발견할 수 있다.

제3부

명왕누대, 시생누대
그리고 원생누대의 지구

우리는 고등학교에서 지구과학과 생물학 시간에 지구의 지질학적 역사를 배운다. 이때 다루는 내용의 대부분은 고생대 이후 지구에서 일어났던 생물계의 변화다. 따라서 고생대 이후의 역사가 지구 역사의 대부분을 차지하고 있다고 생각하기 쉽다. 그리고 지구에서 일어났던 주요 사건들 대부분이 고생대 이후에 일어났던 것으로 생각한다. 오래전에 사용되던 교과서는 고생대 이전 시기를 선캄브리아기라는 제목으로 간단하게 다루고 지나갔다. 캄브리아기는 고생대의 첫 번째 기^{period}이다. 고생대 이전 시기를 선캄브리아기라고 부른 것은 고생대 이전의 지구 역사를 한 기의 역사 정도로 간단히 취급했기 때문이었다.

그러나 지구의 46억 년 역사에서 고생대 이후의 역사는 약 5억 4000만 년에 지나지 않는다. 따라서 고생대 이전에도 41억 년에 가까운 지구의 역사가 있었다. 이 기간 동안 지구에는 엄청난 변화들이 있었다. 생명체가 등장했으며, 산소를 포함하고 있지 않던 대기가 산소를 포함하게 되었고, 지구 전체가 얼음으로 뒤덮이는 대빙하기도 여러 차례 있었다. 이 모든 일이 아주 오래전에 일어났기 때문에 그 흔적을 찾는 것은 쉽지 않다. 고생대 이전의 역사를 간단히 다룬 것은 그 때문이었을 것이다. 그러나 과학자들의 끈질긴 노력과 발전된 탐사 장비 덕분에 초기 지구에 무슨 일이 있었는지에 대하여 이전보다 더 많은 것을 알게 되었다.

지질시대는 어떻게 구분할까?

공식적인 지질시대의 구분은 국제층서위원회[ICS, International Commission on Stratigraphy]에서 정하지만 여러 가지 다른 기준을 적용한 지질시대 구분도 널리 사용되고 있다. 지질시대는 지질학적 사건이나 생물학적 사건을 기준으로 시대를 나누고 있다. 이언^{eon}이라고도 부르는 누대는 지질학적 연대 구분에서 가장 긴 시간 단위다.

45억 4000만 년의 지구 역사는 크게 명왕누대(45억 4000만 년 전~38억 년 전), 시생누대(38억 년 전~25억 년 전), 원생누대(25억 년 전~5억 4200만 년 전), 현생누대(5억 4200만 년 전~현재)로 나눈다. 명왕누대는 약 8억 년, 시생누대는 약 13억 년, 원생누대는 약 20억 년, 현생누대는 약 5억 4200만 년 동안 계속되었다. 명왕누대와 시생누대 그리고 원생누대를 합쳐 선캄브리아대, 은생누대 또는 은생이언이라 부르기도 한다. 은생이언이라고 부를 경우 현생누대는 현생이언이라고 부른다. 지구 역사 45억 4000만 년의 대부분에 해당하는 약 41억 년은 은생이언이었다. 은생이언은 생명체의 화석이 거의 발견되지 않는 시기이다. 따라서 사람들이 지질시대를 이야기할 때는 주로 지구에 생명체가 풍부해진 시기인 현생누대를 말한다.

누대는 지질학적 사건이나 지배적인 생물 종을 기준으로 다시 몇 개의 대^{era}로 나눈다. 현생누대는 고생대$^{5억\ 4200만\ 년\ 전~2억\ 5100만\ 년\ 전}$, 중생대$^{2억5100만\ 년\ 전~6500만\ 년\ 전}$, 신생대$^{6500만\ 년\ 전~현재}$로 구분한다.

각 대는 다시 기^{period}로 나눈다. 대부분의 기 이름은 그 기의 존재를 처음 확인한 지역 이름이나 축적된 물질의 라틴 이름 또는 부근에 살았던 고대 부족의 명칭을 따서 명명되었다. 일부 기는 더 작은 시간 단위로 나눈다. 예를 들어 신생대 3기는 팔레오세와 에오세, 올리고세, 마이오세, 플라이오세로 나눈다. 세^{epoch}는 다시 수천 년 단위의 절로 나눈다. 절은 일반적인 지질학적 시대 구분에는 자주 사용되지 않는다. 크론^{cron}은 절보다도 짧은 시간 단위로 지질학적 시대 구분에는 잘 사용되지 않고, 특정 지역의 암석을 구분할 때 주

다양한 지질시대를 한 눈에 보여주는 그림.

로 사용한다.

최초의 지질시대 구분은 전 지구적인 조산작용이 있었다는 증거라고 할 수 있는 암석층의 자연적인 단절을 바탕으로 이루어졌다. 그러나 과학자들은 조산작용이 전체 지구에 영향을 준 것이 아니라 대부분의 경우 특정 기간 동안 하나의 대륙 또는 대륙 일부에 제한적으로 영향을 주었다는 것을 알게 되었다.

따라서 오늘날에는 지질학적 사건 및 생명체와 관련된 사건을 중심으로 지질시대를 구분한다. 예를 들면 트라이아스기가 시작되는 시기인 페름기 말에는 지구에 대규모 파괴적인 사건이 발생하여 육지와 물에 사는 생명체의 90%가 멸종되었다. 이 사건은 고생대와 중생대의 경계가 되었다. 세와 같은 더 작은 지질시대 구분은 주로 생명체나 지구 표면의 작은 변화를 기준으로 한다. 예를 들면 신생대 4기의 플라이스토세와 홀로세는 1만 1000년 전에 있었던 빙하기가 끝나는 시점을 중심으로 구분된다.

지질시대의 명칭은 그 시대에 살았던 생명체와 관련 있는 경우가 많다. 대를 나타내는 영어 이름에 생명체를 나타내는 어미 'zoic'이 붙은 것은 시대 구분이 생명체를 기준으로 구분되었기 때문이다. 예를 들면 고생대를 의미하는 영어 단어 'paleozoic'에서 paleo는 고대라는 의미를 가지고 있으며 zoic은 생명체라는 의미를 가지고 있다. 따라서 paleozoic은 고대 생명체를 의미한다.

더 작은 단위의 지질시대 이름은 암석이 발견된 장소나 그 지역에 살았던 고대인들의 이름을 따서 지어졌다. 예를 들면 캄브리아기는 웨일스의 로마 이름인 캄브리아에서 유래했다. 이 시기의 사암과 이판암이 웨일스 북쪽 지방에서 발견되었기 때문이다. 오르도비스기는 이 시기의 암석이 최초로 발견되어 연구된 웨일스 북서부에 살았던 고대 켈트족 이름인 오르도비스에서 유래했다. 데본기는 영국의 데번셔에서 처음 연구되었기 때문에 붙여진 이름이다.

지질학적 시대 구분은 자료에 따라 조금씩 다르다. 중요한 지질학적 시대 구분은 19세기 말 이후 그대로 사용하고 있지만 화석이나 암석의 연대 측정에 사용되는 방사성동위원소 연대측정법으로 연대가 더 정밀하게 결정되고 있다. 그리고 더 많은 화석과 암석이 발견됨에 따라 더 정확한 자료가 수집되었기 때문에 지질시대의 경계는 계속 변하고 있다. 많은 자료에는 고생대가 5억 7000만 년 전에 시작되었다고 되어 있지만 일부 자료에는 6억 년 전으로

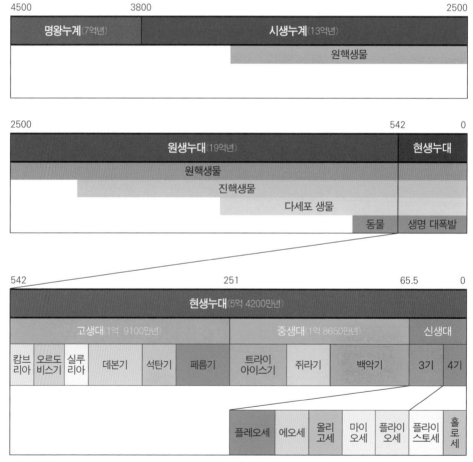

지질시대의 구분.

나타나 있다. 그러나 좀 더 정밀한 연대 측정과 더 많은 증거를 수집한 과학자들은 현재 고생대는 5억 4200만 년 전에 시작되었다고 보고 있다.

이 책의 연대들도 다른 자료에 나타난 연대와 조금씩 다른 것들이 있다. 그것은 자료마다 연대가 달라 자료를 취사선택하는 과정에서 달라졌기 때문이다. 이 책에서는 가능한 한 최신 자료를 사용하려고 노력했지만 최신 자료는 곧 더 새로운 자료로 대치되기 때문에 연대에 차이가 나는 것을 피하기는 어렵다.

	누대	대	기	세	주요 사항
4540 (maya)	명왕누대				• 4540may - 지구 형성 • 4400may - 알려진 가장 오래된 광물 • 4400may - 알려진 가장 오래된 광물
3800 3600 3200 2800 2500	시생누대	조시생대 고시생대 중시생대 신시생대			• 고원핵생물의 출현 • 광합성을 하는 세균의 출현 • 스트로마톨라이트의 형성 • 대륙 지각이 생겨남. 맨틀 대류
    1600 1000 542	원생누대	고원생대	시데리아기 리아시아기 오로시리아기 스테니아기		• 대기권 산소 증가, 휴런 빙하기 • 진핵생물 출현
		중원생대	칼리미아기 멕타시아기 스테니어기		• 로디니아 대륙 생성
		신원생대	토니아기 크라이오젠기 에디아카라기		• 두 번의 빙하기 • 로디니아 대륙이 분리되기 시작함. • 다세포 동물의 출현. • 에디아카라 생물군 번성. • 말기에 에디아카라 멸종.

명왕누대, 시생누대, 원생누대(may: 백만 년 전).

지구의 역사 교과서인 화석은
어떻게 만들어질까?

지질시대 연구에서 화석은 매우 중요하다. 지층에 남아 있는 화석들은 과거 지구에 있었던 지질학적 사건과 지구에 살았던 생명체에 대한 기록을 담고 있는 역사 교과서다. 처음에 화석이라는 말은 땅에서 캐낸 모든 광물과 금속을 나타내는 말로 쓰였지만 지금은 과거의 생명체에 의해 만들어진 것만을 나타내는 말로 쓰이고 있다. 일반적으로 1만 년 이상 된 것을 화석이라고 한다. 프랑스 국립자연사박물관의 과학자였던 조르주 퀴비에[1769~1832]는 1812년에 처음으로 화석이 오래전에 지구에 살았던 동물을 나타낸다고 주장했다. 그는 자신의 발견을 성서의 내용과 결합하여 격변설을 제안했다. 격변설은 전 지구적인 커다란 사건을 이용하여 짧은 시간 동안 많은 생명체가 멸종한 생명체 대멸종 사건을 설명하는 이론이다.

화석은 뼈, 껍질, 발자국, 나뭇잎처럼 오래전에 살았던 생명체의 잔해나 자취가 암석화되어 보존된 것을 말한다. 대부분의 화석이 퇴적암에서 발견되지만 화성암에 포함된 화석도 있으며, 변성암에서 열과 압력에 의해 변화된 상태로 발견되는 화석도 있다. 일부 화석은 생명체의 모양과 조직을 그대로 유지하고 있지만 깊은 곳에 묻혀 있던 화석은 큰 압력으로 인해 접히거나 부서지고 뒤틀린 것도 있다. 대개 뼈, 이빨, 껍질, 씨앗 또는 나무와 같이 동물이나 식물의 단단한 부분이 화석이 되지만 드물게는 부드러운 조직이 화석화되어 보존된 경우도 있다.

화석은 크게 세 가지로 나눌 수 있다. 체화석은 생명체의 골격이나 구조가 보존된 화석이다. 우리가 화석이라고 할 때는 대개 고대 생명체의 형태가 보존된 이런 화석을 말한다. 생흔화석은 생명체가 살았을 때 활동했던 흔적을 보여주는 화석이다. 여기에는 걸어간 자취, 파놓은 굴, 잎 모양, 피부 모양 등이 포함된다. 화학화석은 생명체가 암석에 남긴 화학적 자국이다. 특정한 생명체를 나타내는 유기화합물이나 생명체의 활동으로 만들어진 생명 물질을 구성하는 분자와 같은 것들이 여기에 해당된다.

일반적으로 화석의 형성 과정은 진흙이나 모래와 같은 퇴적물이 죽은 생물을 덮는 데에서 시작된다. 모래나 진흙과 같은 퇴적물로 덮이는 과정은 화석이 만들어지는 가장 중요한 과정이다. 땅속에 묻힌 생명체 위에 수백만 년 동안 더 많은 퇴적물이 쌓이면 생물의 잔해가 흩어지지 않고 땅속 깊이 묻힌 채로 남아 있게 된다.

퇴적물에 덮인 동물의 뼈나 이빨은 화석이 되기 위해 여러 가지 형태의 광물화 과정을 거쳐야 한다. 뼈는 단백질과 지방인 유기 분자와 칼슘 같은 무기 원소로 이루어졌다. 대부분의 유기 성분은 세균에 의해 분해된다. 분해되고 남은 것은 부서지기 쉬운 무기물질로 이루어진 많은 구멍을 가진 뼈다. 토양을 통해 침투하는 물에는 광물의 염이 녹아 있다. 이 중 일부가 뼈의 구멍 안에 석출된다. 이런 광물은 대개 석회암의 주성분인 탄산염, 실리카 또는 철 화합물이다. 시간이 지남에 따라 뼈 자체가 암석이 된다. 광물화의 속도나 형태는 뼈를 덮고 있는 퇴적물의 화학 성분에 따라 달라진다.

나무는 용해와 대체 작용에 의해 석화된다. 나무의 석화는 탄산칼슘($CaCo_3$)이나 규산염과 같은 광물을 포함하고 있는 물이 스며들 때 일어난다. 수천 년 동안 원래의 식물이 주로 이산화규소로 이루어진 이런 광물로 대체되거나 둘러싸여 암석으로 바뀐다. 이것을 규화목이라고도 부르는데 규화목에는 종종 식물의 원래 형태가 그대로 보존되어 있어 과학자들이 멸종된 식물의 구조를 연구할 수 있도록 한다.

애리조나 공원의 규화목(채화석).

생흔화석은 동물이 모래나 진흙과 같은 연한 퇴적물 위에서 달리고, 걷고, 기고, 굴을 파고, 땅 위에서 뛴 증거다. 강을 따라 걸어간 공룡이 부드러운 모래 위에 남긴 발자국과 작은 동물들이 먹이를 찾기 위해 호수 둑에 파놓은 여러 갈래로 갈라진 굴이 퇴적물로 채워졌고 수백만 년 동안 여러 층의 퇴적물이 그 위에 쌓여 결국은 굳어 암석이 된 것이다. 가장 유명한 생흔화석은 동아프리카에서 발견된, 인류의 조상이 퇴적층 위에 남긴 발자국과 코네티컷 강 계곡에서 발견된 공

공룡 발자국 화석(생흔화석).

룡들이 남긴 자취다.

지금까지 발견된 화석 중에서 가장 오래된 화석은 오스트레일리아 서부에서 발견된 세균의 화석으로, 약 35억 년 전에 살았던 단세포생물의 화석이다. 2002년에는 오스트레일리아 사암에서 10억 년 전에 살았던 지렁이 같은 생명체에 의해 만들어진 자취가 발견되었다. 이것은 현재까지 발견된 화석 중에서 가장 오래된, 이동할 수 있는

규화목.

다세포생물의 생흔화석이다. 지금까지 발견된 가장 오래된 조개껍데기와 같은 생명체의 단단한 부분의 화석은 생명체가 처음으로 골격이나 껍데기와 같이 단단한 몸의 구조를 가지기 시작한 6억 년 전의 것이다.

미국의 고생물학자 스티븐 J. 굴드[1941~2002]는 지구에 살았던 생명체의 99%가 멸종되었으며 대부분은 그들의 존재를 증명할 화석을 남기지 않았다고 주장했다. 따라서 우리가 발견한 화석은 지구에 살았던 동물과 식물의 아주 적은 부분만 보여준다. 이렇게 드문 화석 기록을 통해 지구 생명의 이해하는 우리는 고대 생명체에 대해 상당한 편견을 갖게 된다.

모든 동물의 단단한 부분이 화석으로 잘 보존되는 것은 아니다. 가볍고 상대적으로 넓은 표면을 가지고 있는 뼈는 더 빨리 부식된다. 새들의 뼈와 같이 작고 부러지기 쉬운 뼈는 잘 부서지거나, 쉽게 부식되고, 물이나 폭풍, 심지어는 바람에 의해 다른 골격으로부터 멀리 이동하기도 한다. 두껍고 무거운 뼈

는 훨씬 화석으로 보존되기 쉽기 때문에 화석 기록은 그러한 뼈를 가지고 있는 생명체 방향으로 편향되기 쉽다. 화석 기록과 관련된 또 다른 편견은 고생물학자 자신들에게 기인한다. 지구 상의 모든 부분이 동일하게 탐색되는 것이 아니다. 중앙아시아나 아프리카처럼 접근성이 낮은 지역의 화석 기록은 유럽이나 북아메리카의 화석 기록에 비해 훨씬 적게 발견된다.

일부 연한 부분이 화석으로 발견되기는 했지만 그 수는 아주 적다. 그 이유는 간단하다. 연한 부분은 짧은 시간 안에 부패되기 때문이다. 최근 발견된 화석은 과학자들에게 파충류의 심장에 대해 많은 것을 알 수 있도록 해주었다. 6600만 년 전인 백악기에 살았던 초식 공룡인 테스셀로사우루스의 화석은 심장을 가지고 있었다. 이 공룡은 살아 있을 때 몸 길이가 4m이고, 무게가 300kg이었다. 사우스다코타에서 발견되어 현재 롤리의 노스캐롤라이나 자연과학박물관에 전시되어 있는 이 화석을 수년 동안 연구한 끝에 이 공룡의 심장이 화석으로 보존되어 있다는 것을 알게 되었다. 공룡의 골격에 붙어 있는 철과 황으로 화석화된 심장은 놀라운 발견이었다.

이 발견은 공룡에 대한 과학자들의 이론을 바꾸도록 했다. 이 공룡은 냉혈 파충류라고 예상했던 것과 달리 포유류와 같은 온혈동물이었다. 물론 모든 사람들이 이런 의견에 동의하는 것은 아니다. 일부는 심장이 실제로는 퇴적암에서 발견되는 단단한 돌과 같은 물질인 결석이라고 주장한다. 그러나 이 공룡의 가슴에 있는 심장은 진흙 덩어리로 이루어진, 결석은 가지고 있지 않는 복잡한 구조를 이루고 있다.

화석의 연대는 어떻게 측정할까?

화석의 상대적인 나이는 주변 암석층에서의 위치에 의해 결정된다. 상대적인 나이를 결정하는 가장 일반적인 방법은 퇴적암층에서 화석의 위치를 이용하여 정하는 것으로, 층서누증層序累增의 법칙이라고 부른다. 층서누증의 법칙은 아래층에서 발견된 화석이 위층에서 발견된 화석보다 오래되었다는 것이다. 이 방법은 수 세기 동안 암석과 화석의 대략 나이를 정하는 데 사용되었다.

표준화석

표준화석은 지질시대를 연구하는 데 중요한 기준으로 사용되는 화석을 말한다. 이들은 지질학적 역사에서 특정한 기간 동안에만 존재하던 생명체로, 이들의 화석이 발견된 암석층의 연대를 정하는 데 사용할 수 있다. 예를 들면 암모나이트는 2억 4500만 년 전에서 6500만 년 전까지 계속된 중생대에 널리 분포했지만 공룡이 멸종된 백악기 말 대멸종 시기에 멸종되었다. 또 다른 표준화석으로는 5억 4000만 년 전에서 5억 년 전까지 계속된 캄브리아기에 살았던 완족류의 화석과 3억 6000만 전부터 3억 2000만 년 전까지인 캄브리아기에서 석탄기 중엽까지 살았던 필석, 5억 400만 년 전부터 2억 4500만 년 전까지인 고생대와 2억 4500만 년 전부터 6500만 년 전까지인 중생대에 살았던 코노돈트conodont 화석 그리고 고생대가 시작될 때부터 2억 4800만 년 전인 페름기 후반까지 살았던

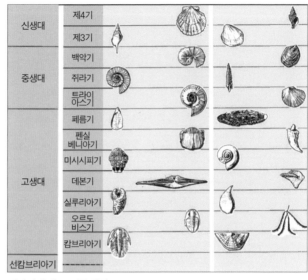

지질시대 대표 표준 화석.

삼엽충 화석 등이 있다. 고생대 화석의 반은 삼엽충 화석이다.

화석의 절대연대 측정

화석의 절대연대는 주변 암석의 연대를 밝혀내 결정한다. 가장 일반적인 방법은 특정한 원소의 방사성동위원소를 이용하는 방사성 연대측정법이다. 우라늄, 루비듐, 아르곤, 탄소와 같은 원소의 방사성동위원소들은 고유한 반감기를 가지고 있다. 이 반감기가 방사성 연대 측정의 시계가 된다. 과학자들은 암석 시료를 분석하여 모 원소와 딸 원소의 비율을 알아낸다. 이 비율이 암석층의 나이를 말해준다. 이로써 암석층에 포함된 화석의 나이를 정할 수 있다. 많은 다른 과학적 측정과 마찬가지로 이 방법도 완벽하지 않아 어느 정도 오차가 있을 수 있다.

탄소연대측정법

탄소연대측정법은 지질학적 시간으로 볼 때 비교적 오래되지 않은 생명체 잔유물의 연대를 결정하는 데 사용된다. 이 방법은 탄소에는 ^{12}C와 ^{13}C의 두 가지 안정한 동위원소가 있다는 사실에 바탕을 두고 있다. ^{12}C는 ^{13}C보다 조금 가볍다. 살아 있는 생명체는 ^{12}C를 흡수하는 데 적은 에너지가 필요하기 때문에 ^{12}C를 더 잘 흡수한다. 퇴적암 안에 정상 비율보다 더 많은 ^{12}C를 포함하고 있다면 그것은 생명체로 인해 비율이 달라졌음을 의미한다. 따라서 과거에 생명체가 존재했다는 것을 알 수 있다.

탄소의 또 다른 방사성동위원소인 탄소14도 연대 측정에 사용되고 있다. 탄소14의 반감기는 5730년으로 비교적 짧기 때문에 연대가 5만 년보다 짧은 최근 화석이나 역사적 유물의 연대를 측정하는 데 주로 사용하고 있다. 탄소14(^{14}C)는 대기 중의 질소14(^{14}N)가 우주 방사선과 충돌하여 만들어진다. 만들어진 탄소14는 방사성붕괴를 통해 없어지지만 계속 새로운 탄소14가 만들어지기 때문에 대기 중에는 일정한 비율의 탄소14가 포함되게 된다. 식물은 안정한 탄소동위원소와 함께 방사성동위원소인 탄소14도 흡수한다. 동물들은 식물을 먹거나 식물을 먹은 동물을 먹어 ^{14}C를 몸속으로 받아들인다. 따라서 생명체의 몸속에도 대기 중에서와 같은 비율의 탄소14가 포함되게 된다. 생명체가 죽으면 ^{14}C의 흡수가 중지되고 ^{14}C는 ^{14}N로 붕괴된다. ^{14}C의 반감기는 5730년이므로 5730년 동안 붕괴되고 남아 있는 ^{14}C의 양은 반이 된다. 다시 5730년이 지나면 남아 있는 ^{14}C의 양은 처음 양의 4분의 1로 줄어든다. 따라서 남아 있는 ^{14}C의 양이나 붕괴된 ^{14}C의 양을 측정하여 지질학자들은 화석의 연대를 결정할 수 있다.

명왕누대

(45억 4000만 년 전~38억 년 전)

지구가 형성된 후부터 38억 년 전까지를 명왕누대라고 한다. 원시 지구에는 많은 미행성체들이 충돌하면서 질량이 증가했고, 질량이 증가함에 따라 중력이 커지면서 더 많은 미행성체들을 끌어들였다. 이런 미행성체들의 빈번한 충돌로 지구의 온도는 올라갔다. 지구가 포함하고 있던 방사성원소가 붕괴하면서 방출한 열과, 지구를 둘러싼 이산화탄소를 많이 포함한 대기의 온실효과도 지구의 온도를 상승시키는 데 한몫했다.

온도가 높아져 지구가 용암 상태가 되자 무거운 철, 니켈 등의 금속은 가라앉아 중심부에 모여 핵을 형성했고, 상대적으로 가벼운 규산염 광물은 맨틀을 이루게 되어 지구의 층상 구조가 만들어졌다. 미행성의 충돌

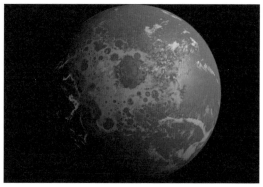

지구 형성 초기에는 커다란 운석이나 혜성의 충돌로 지구 전체가 녹아버리는 일이 자주 있었다.

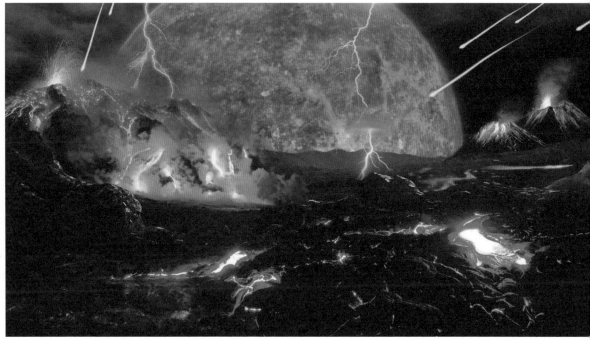

명왕누대의 지구 환경을 묘사한 상상도. © cc-by-sa-4.0; Tim Bertelink

횟수가 줄어들면서 지구의 온도가 내려가자 지각이 만들어졌다. 그러나 서서히 안정을 찾아가던 지구에 또다시 큰 사건이 일어났다. 화성 크기의 천체가 지구에 충돌한 것이다.

지구가 형성되고 약 1억 년 후에 있었던 이 충돌로 지구를 이루고 있던 물질과 충돌한 천체를 이루고 있던 물질이 공간으로 날아올라 달을 형성했다. 이 충돌로 굳어가던 지구가 다시 녹아내렸고, 많은 양의 물질이 공중으로 날아 올라가 지구는 암석 증기로 이루어진 두꺼운 대기로 둘러싸이게 되었다. 암석 증기는 약 1000년 동안 서서히 농축되어 지상으로 떨어지고 대기에는 주로 이산화탄소, 수소 그리고 수증기와 같은 온실기체가 남게 되었다. 지구 내부에서 일어나는 방사성원소 붕괴 때 방출되는 열과 온실효과로 인해 지구 표면 온도가 1000℃에서 2000℃까지 올라가 지표는 용암의 바다로 뒤덮였을 것으로 보고 있다. 이런 상태는 화성 크기의 행성이 지구에 충돌한 후 약 200만 년 동안은 계속되었을 것으로 보인다.

지표가 식어가자 대기 중에 많이 포함된 수증기가 응축하여 500℃의 뜨거운 바다가 형성되었다. 이렇게 높은 온도에서 액체 상태의 물이 존재할 수 있었던 것은 100기압이 넘는 높은 대기의 압력 때문이었다. 뜨거운 바다는 1000만 년에서 1억 년 동안 계속되었을 것이다. 초기 바다는 강한 산성이었지만 산성비가 지표에서 칼슘, 마그네슘, 나트륨 등을 녹여 바다로 유입시켜 서서히 중성으로 바뀌었을 것이다. 이산화탄소는 산성 기체이기 때문에 산성인 바다에서 녹지 않지만 중화된 바다에서는 잘 녹아 바닷속의 칼슘과 결합해 탄산염이 되어 해양 바닥에 침전되었다.

과학자들 중에는 명왕누대에도 빙하기가 있었을 것이라고 주장하는 사람들도 있다. 대기 중 이산화탄소의 양이 줄어들면서 온실효과가 줄어들자 지구 표면 온도가 내려가 지구 전체가 눈으로 덮였다는 것이다. 그러나 지구 내부에서 방출되는 지열이 많아 얼음의 두께는 두껍지 않았을 것으로 추정된다. 이러한 초기 빙하기의 가능성에 대해서는 앞으로 더 많은 연구가 있어야 할 것이다.

오스트레일리아에서 발견된 명왕누대의 암석에 포함된 지르콘 결정을 분석한 결과에 의하면, 40억 년 전 지구에 지각 판의 이동이 있었던 것으로 보인다. 지각 판과 바다의 작용으로 대기 중 이산화탄소의 양이 줄어들어 지표면의 온도가 더욱 빠르게 내려갔고, 고체 상태의 암석이 형성되

지르콘 결정.

었을 것이다.

과학자들은 모든 대륙에서 35억 년 전에 형성된 암석을 발견했다. 현재까지 발견된 암석 중에서 가장 오래된 암석은 캐나다 서북부의 그레이트슬레이브 호수에서 발견된 아카스타 그네이시스로 나이는 40억 3000만 년이나 된다. 다른 오래된 암석으로는 그린란드 서부에서 발견된 37억 년 전에서 38억 년 전 사이에 형성된 이수아 수프라크루스탈 암석, 미네소타 강 계곡과 미시간 북부에서 발견된 35억 년 전에서 37억 년 전 사이에 형성된 암석들, 스와질란드에서 발견된 34억 년 전에서 35억 년 전 사이에 형성된 암석들, 그리고 오스트레일리아 서부에서 발견된 34억 년 전에서 36억 년 전 사이에 형성된 암석들이 있다. 이 오래된 암석들은 용암에 의해 형성되었거나 얕은 물에서의 퇴적 과정을 통해 형성되었다. 이들 암석이 퇴적 과정을 통해 형성되었다는 것은 이들이 지구 형성 초기에 만들어진 원시 암석이 아니라 지구가 만들어지고 훨씬 후에 형성된 것임을 의미한다.

지구에서 발견되는 가장 오래된 광물은 퇴적암 층에서 발견된 작은 지르콘 단결정이다. 오스트레일리아 서부에서 발견된 이 결정은 43억 년 전에 형성된 것으로 보인다.

그러나 40억 년 이전의 화석은 거의 남아 있지 않다. 줄어들던 미행성체의 충돌이 급격히 증가하는 '후기 운석 대충돌기^{LHB, Late Heavy Bombardment}'가 있었기 때문이다. 약 41억 년 전부터 38억 년 전까지의 기간 동안 지구를 비롯한 내행성에는 미행성체의 충돌이 급격히 증가했다. 이로 인해 지각의 많은 부분이 다시 녹아내렸고, 지각 판의 이동으로 지각의 많은 부분이 땅속 깊숙이 내려가 40억 년 이전의 지질학적 흔적이 거의 대부분 사라져버렸다. 우리가 40억 년 이전의 암석을 발견할 수 없는 것은 이 시기에 암석이 형성되지 않았기 때문이 아니라 이전에 형성된 암석이 미행성들의 충돌로 사라졌기 때문이다.

후기 운석 대충돌기

(41억 년 전~38억 년 전)

　지구가 형성되고 5억 년 정도 지나 지구가 안정된 상태로 들어가던 약 41억 년 전부터 다시 많은 소행성과 운석이 지구를 비롯한 내행성과 달의 표면에 충돌하는 후기 운석 대충돌기가 시작되었다. 이 대충돌의 시기는 38억 년 전까지 약 3억 년 동안 계속되었다. 후기 운석 대충돌기가 있었다는 것은 아폴로 우주인들이 달에서 가져온 월석의 분석을 통해 알게 되었다. 달에서 가져온 암석의 연대를 측정한 결과, 대부분의 암석이 41억 년 전에서 38억 년 전 사이에 형성된 것으로 나타났다.

　지구에서 발견된 충

지구가 안정을 찾아가던 시기에 운석이 대량으로 충돌하는 후기 운석 대출돌기가 있었다. © cc-by-sa-3.0; Free to use; please credit Tim Wetherell; Australian National University

돌 크레이터의 연대를 조사한 과학자들은 지구의 충돌 크레이터 연대도 이와 비슷한 시기에 집중되어 있다는 것을 알아냈다. 이는 이 시기에 달과 지구에 많은 충돌이 있었음을 보여주는 것이었다.

이런 후기 운석 대충돌기가 왜 일어나게 되었는지를 설명하는 이론은 여러 가지 있지만 그중 목성과 토성 그리고 천왕성과 해왕성 같은 외행성의 공전 궤도가 달라지면서 소행성대 천체들의 궤도를 교란시켜 내행성계로 소행성들을 밀어 넣었기 때문이라는 주장이 과학자들의 주목을 받고 있다.

이 시기에는 수많은 소행성과 혜성이 지구 표면에 충돌하여 지구 표면은 용암으로 뒤덮인 상태가 여러 번 만들어졌을 것이다. 따라서 우리는 38억 년보다 오래된 암석이나 생명의 흔적을 발견할 수 없다.

38억 년보다 더 오래된 암석을 발견할 수 없었던 과학자들은 45억 4000만

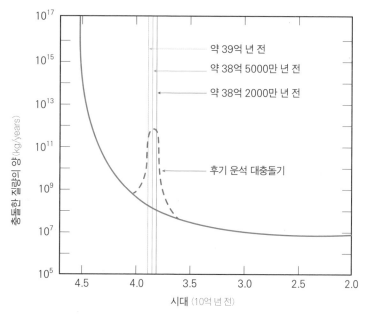

지구가 형성된 후 줄어들던 운석의 충돌이 일시적으로 다시 증가하는 일이 있었다.

년 전에 지구가 형성된 후 38억 년 전까지는 지구가 용암 상태였을 것이라고 오랫동안 추정했다. 그러나 41억 년 전부터 38억 년 전 사이에 후기 운석 대충돌기가 있었다는 주장이 제기되면서 38억 년보다 오래된 암석을 발견할 수 없는 이유를 이 후기 운석 대충돌기에서 찾기 시작했다. 38억 년 이전에 암석이 형성되었다 해도 후기 운석 대충돌기 시기에 모두 사라졌기 때문에 현재 발견되지 않는다는 것이다.

후기 운석 대충돌기는 언제 지구에 생명체가 나타났느냐 하는 문제에도 큰 영향을 주었다. 과학자들은 최초의 생명의 흔적이 발견된 약 35억 년 전보다 이른 시기에 생명이 나타난 것으로 추정했지만 최초 생명체가 나타난 시기를 확정하지 못하고 있었다. 그러나 후기 운석 대충돌기 시기가 있었다는 것을 알게 되면서 후기 운석 대충돌기보다 이른 시기에 지구 상에 생명체가 나타났을 가능성이 있다고 주장하는 과학자들도 있다. 그들은 이전에 나타난 생명체가 후기 운석 대충돌기 시기에 멸종하기도 하고, 대규모 충돌 사이에 다시 생명체가 나타났다가 또다시 멸종하는 일을 거듭했을 가능성이 있다고 주장한다. 하지만 38억 년 전 후기 운석 대충돌 시기가 끝나 태양계가 안정을 되찾기 전에 있었던 생명의 흔적은 후기 운석 대충돌기로 모두 사라졌기 때문에 이들의 주장을 증명할 증거를 찾는 것은 가능하지 않다.

그런가 하면 증거들이 충분하지 않다고 주장하며 후기 운석 대충돌기의 존재를 의심하는 사람들도 있다. 그들은 달에서 가져온 암석들 대부분이 한 번의 충돌로 형성된 암석일 가능성이 있으며, 지구 상에서 발견된 충돌 크레이터들도 후기 운석 대충돌기 시기가 있었다는 증거로 충분하지 않다고 주장한다. 또한 계속된 충돌이 이전에 형성된 암석의 연대 측정에 영향을 주어 암석이 특정 시기에 형성된 것으로 나타나게 했다고 주장한다.

시생누대

(38억 년 전~25억 년 전)

시생누대는 약 38억 년 전부터 약 25억 년 전까지의 시기다. 시생누대가 시작된 시기는 아직 국제충서위원회에서 공식적으로 인정되지는 않았으나 대체로 명왕누대가 끝나는 38억 년 전으로 보고 있다. 현재까지 남아 있는 시생

변성암. © cc-by-2.0; James St. John

누대의 암석은 대부분 변성암이나 화성암으로, 이 시기에 화산활동이 매우 활발했음을 보여준다. 시생누대 초기의 지구는 지금과는 다른 판구조를 가지고 있었다. 일부 과학자들은 시생누대의 지구는 지금보다 더 뜨거웠기 때문에 판구조 활동이 지금보다 더 활발해 지각 물질이 빠른 주기로 순환했을 것이라고 생각하고 있다.

시생누대의 대기에는 산소가 없었다. 지구가 생성되고 5억 년이 지나면서 지구의 기온은 현재의 수준으로 떨어졌고, 지표면에 액체 상태의 물이 있었던 것으로 보인다. 이는 퇴적암을 기반으로 하는 변성암인 편마암의 존재를 통해 알 수 있다. 천문학자들은 이 당시에는 태양의 복사량이 지금보다 30% 가량 적었을 것으로 추정하고 있다. 그러나 대기 중에 지금보다 더 많은 온실기체가 포함되었기 때문에 높은 온도를 유지할 수 있었다.

시생누대에 있었던 가장 큰 변화는 생명체의 등장이었다. 지구 상에 생명체가 언제 나타났는지는 정확히 알 수 없지만 35억 년 전인 시생누대에 생명체가 존재했던 것은 확실하다. 최초의 생명체인 시아노박테리아의 화석이 시생누대 전체를 통해 발견되기 때문이다. 초기에 나타난 시아노박테리아는 핵이 없고 단세포생물인 원핵생물이었다. 그러나 시생누대가 끝나가는 약 25억 년 전에는 다세포 시아노박테리아가 나타났다.

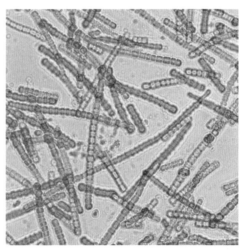

시아노박테리아.

최초의 생명체는
어디에서 만들어졌을까?

(35억 년 전)

지구 상에 최초 생명체가 언제 어떻게 나타났는지에 대해서는 아직 최종 결론을 내릴 수 없다. 38억 년 전의 지구 상태를 나타내는 지질학적 기록이나 화석이 전혀 남아 있지 않기 때문이다. 그러나 대부분의 고생물학자들은 35억 년 전보다 이른 시기에 지구 상에 생명체가 나타났고, 어쩌면 지구가 생성되고 약 6억 년 후인 40억 년 전에도 생명체가 존재했을 것으로 보고 있다.

현재 발견된 가장 오래된 생명체 화석은 35억 년 전보다 이른 시기에 지구 상에 나타난 것으로 보이는 시아노박테리아(남조류) 화석이다. 원핵생물인 시아노박테리아는 세포분열을 통해 무성생식을 했으며, 광합성 작용을 통해 원시 지구 대기를 산소로 오염시키는 데 주된 역할을 했다. 물, 이산화탄소 그리고 햇빛을 이용해 광합성 작용을 하면서 산소를 방출하는 시아노박테리아는 오늘날에도 전 세계의 바다와 민물에서 발견되고 있다.

처음 시아노박테리아가 만들어낸 산소는 바닷물에 포함된 철과 같은 금속을 산화시키는 데 쓰였기 때문에 대기 중으로 방출되지는 않았다. 산화된 철은 바다 밑에 퇴적되어 오늘날 세계 곳곳에서 발견되는 철광석이 되었다. 바닷물에 포함되었던 금속이 모두 산화되자 대기 중으로 산소가 방출되어 대기 중에도 산소가 포함되기 시작했다. 지질학적 기록을 통해 30억 년 전쯤부터 지구 대기에 산소 기체가 나타나기 시작했다는 것을 알 수 있다. 대기 중의 산소 기체는 철광석의 산화를 촉진시켰고 이로 인해 산화철을 많이 포함한 붉은색의 암석이 만들어졌다. 산소가 없던 시대에 형성된 암석은 산소의 존재를 나타낼 만한 어떤 증거도 가지고 있지 않다.

대기 중에 산소가 나타나기 시작한 것은 지구에 있었던 가장 거대한 규모의 오염이었다. 지구 역사에는 여러 차례의 대멸종 사건이 있었다. 그중에서 산소 오염으로 인한 대멸종이 가장 심각한 것이었을 수도 있다. 당시에는 동물도 식물도 곤충도 없었지만 지구 상에는 산소를 싫어하는 수많은 종류의 혐기성 미생물이 살고 있었을 것이다. 이런 혐기성 미생물의 대부분이 전 지구적인 산소 오염으로 멸종되었다. 대기 중의 산소 기체가 간단한 분자들을 산화시켜 미생물들의 에너지원을 빼앗아갔기 때문이다. 이러한 대멸종 시기에도 산소가 있는 환경에 적응한 소수의 미생물은 살아남아 더욱 번성하게 되었다. 이들이 오늘날 지구 상 어느 곳에서나 발견되는 산소를 이용하여 살아가는 생명체의 조상이다. 그러나 산소가 없는 환경을 찾아 살아남은 미생물도 있다. 바다 깊은 곳과 같이 산소가 없는 환경에는 아직도 지열을 이용하여 살아가는 혐기성 미생물이 많이 남아 있다.

시아노박테리아가 만든 것으로 믿어지는 띠 모양의 구조를 가진 암석인 스트로마톨라이트가 세계 곳곳에서 발견되었다. 스트로마톨라이트는 얕은 물에서 시아노박테리아와 같은 미생물이 만든 점액질 물질에 침전물이 포함되어 만들어진 띠 모양의 암석이다. 스트로마톨라이트 중에는 35억 년 전에 만들어진 것으로 믿어지는 것도 있지만 정확한 연대는 학자들 사이에 이견이 남아 있다. 그러나 21억 년 전에 스트로마톨라이트가 만들어졌다는 데 대해서는 이견이 없으며 27억 전에도 스트로마톨라이트가 형성되었을 것이라는 데에도 대체로 의견이 일치하고 있다.

스트로마톨라이트 형태는 원뿔 모양, 층층이 쌓인 모양, 가지 치는 모양, 돔 모양, 기둥 모양 등 여러 가지가 있다. 돔 형태의 스트로마톨라이트는 시아노박테리아가 광합성에 필요한 햇빛을 잘 받기 위해 계속 위로 성장하면서 만들어졌다. 온콜라이트는 스트로마톨라이트와 비슷하지만 거의 완전한 구형이다. 작은 핵을 중심으로 만들어지는 온콜라이트의 지름은 10cm를 넘지 않는다.

온콜라이트.

스트로마톨라이트 중에서 화석화된 미생물을 포함하고 있는 것은 매우 드물다. 스트로마톨라이트는 원생누대인 12억 5000만 년 전에 만들어진 것이 가장 많이 발견된다. 이후 점차 그 수가 줄어들어 캄브리아기가 시작할 때쯤에는 가장 많았던 시기의 20% 정도만 남게 되었다. 스트로마톨라이트를 만들던 시아노박테리아가 암석 표면의 유기물을 갉아 먹는 다른 생명체에 의해 크게 피해를 받은 것이 원인일 것으로 추정된다.

스트로마톨라이트의 한 형태.

스트로마톨라이트의 한 형태.

　일부 스트로마톨라이트의 특징은 시아노박테리아와 같은 생물의 활동으로 만들어졌다는 설명을 지지하지만 어떤 스트로마톨라이트의 특징들은 물리적 침전에 의해 만들어졌다는 설명에 더 잘 부합된다. 따라서 스토로마톨라이트 가 생물적 원인이 아니라 물리적인 작용에 의해 형성되었다는 주장도 꾸준히 제기되고 있다. 스트로마톨라이트 일부는 생물적 기원에 의해 만들어졌고, 일부는 물리적 작용에 의해 만들어졌으며 두 가지 다른 기원에 의한 스트로 마톨라이트를 구별하는 것이 중요하다고 주장하는 학자들도 있다.

생명체는 어떻게 시작되었을까?

생명의 기원에 대한 초기의 과학적 논의에서는 물웅덩이나 연못에서 간단한 분자들이 상호작용하여 더 복잡한 분자를 만든다는 이론이 널리 받아들여졌다. 찰스 다윈[1809~1882]은《종의 기원》에서 지구 상에 살았던 생명체는 모두 원시 생명체의 자손일 것이라 가정하고 지구에서 생명이 탄생되던 시기에는 생명체 구성에 필요한 기본적 물질이 충분히 존재했을 것이라고 주장했다.

1953년 물웅덩이나 연못에서 생명이 출발했다는 다윈의 생각을 증명하기 위해 시카고 대학의 대학원생이었던 스탠리 밀러[1930~2007]는 해럴드 유리[1893~1981]와 함께 유명한 실험을 했다. 그들은 실험 기구 안에 실제 연못을 단순화시킨 가상 연못을 만들고 무기물로부터 생명 물질인 여러 종류의 당과 가장 간단한 아미노산인 알라닌과 구아

스탠리 밀러.

닌을 포함한 여러 가지 유기물이 합성되는 것을 보여주었다. 이 실험은 생명체에서 발견되는 간단한 분자들이 자연환경에서 합성될 수 있다는 것을 보여주었지만 생명체를 만들어내는 과정을 보여준 것은 아니었다.

오늘날 생명의 기원을 찾으려는 과학자들은 밀러-유리의 실험이 기술적으로 한계가 있었다고 말한다. 그들의 이러한 태도 변화는 실험 결과에 대한 의심 때문이 아니라 그 실험의 밑바탕을 이루고 있는 가설에 결함이 있음을 발견했기 때문이다.

유전정보를 가지고 있는 DNA 분자와 RNA 분자 사이의 유사점과 차이점을 조사한 칼 워즈[1928~2012]를 위시한 과학자들은 생명체 간의 진화적 연관 관계를 나타내는 계통수를 만들 수 있었다. 계통수는 세 개의 커다란 가지로 이루어져 있는데 고세균[Archaea], 세균[Bacteria] 그리고 진핵생물[Eucarya]이다. 유전물질을 포함하고 있는 잘 구획된 핵을 가지고 있는 세포들로 이루어진 진핵생물은 다른 두 유형의 생명체들보다 더 복잡한 구조를 가지고 있다. 진핵생물이 원시세균이나 세균보다 늦게 나타났다. 계통수에서 고세균은 출발점에 가장 가까이 있고, 세균은 고세균보다 출발점에서 멀리 떨어져 있다. 따라서 고세균은 이름이 의미하듯 생명체의 가장 오래된 형태다. 놀라운 사실은 세균이나 진핵생물과 달리 고세균은 우리가 극한의 환경이라고 부르는 곳에서도 살 수 있는 극한 생명체들이다. 고세균은 물이 끓는 온도보다도 높은 온도, 산성도가 높은 곳 등 다른 생명체는 살 수 없는 곳들에서도 번성할 수 있다.

이러한 계통수 연구는 생명체가 극한 환경에서 살아가는 고세균으로부터 시작되었으며 그 후 우리가 정상적인 조건이라고 부르는 환경에서 살아가기에 적합한 생물로 진화했을 것이라는 주장을 뒷받침한다. 이 경우 다윈의 따뜻한 작은 연못 가설은 틀린 것이 된다. 이제 생명체가 시작된 장소를 찾으려는 사람들은 산성도가 높고, 엄청나게 높은 온도의 물이 분출되는 곳을 지구

상에서 찾아내야 한다.

지난 몇십 년 동안 해양지리학자들은 그런 장소와 함께 그런 곳에 살고 있는 이상한 생명체들을 많이 찾아냈다. 1977년 두 해양지리학자가 심해 잠수정을 조종해 처음으로 갈라파고스 군도 근처의 태평양 해수면으로부터 2.4km 밑에 있는 심해 배출구를 찾아냈다. 이 배출구에서는 뜨거운 물이 지각 아래로부터 차가운 심해로 뿜어져 나온다. 이런 배출구에서 솟아 나오는 뜨거운 물에는 무기질이 용해되어 있는데 물이 식으면서 물에 녹아 있던 물질들이 석출되어 배출구 주위에 구멍이 많은 큰 바위 굴뚝을 만든다. 이 굴뚝의 중심 부분은 온도가 높고 바닷물과 접한 가장자리는 차갑다. 이러한 온도 변화를 따라 다양한 종류의 생명체들이 살고 있다. 태양을 한 번도 본 적이 없고, 태양열을 이용한 적도 없는 이 생명체들은 태양열 대신 지열을 이용해 살아가고 있다. 이 지열은 지구가 만들어질 때 남은 열과 알루미늄26이나 칼륨40과 같은 불안정한 동위원소

깊은 바다 밑에서는 뜨거운 물을 내뿜는 심해 배출구가 많이 발견되었다.

가 붕괴될 때 내놓는 열이 합쳐진 것이다. 이들은 식물이 태양에너지를 이용해 광합성을 하는 것처럼 지열을 이용한 화학반응으로부터 에너지를 얻는 화학합성을 하고 있다.

그렇다면 생명의 기원에 대한 두 개의 모델 중 어떤 것이 옳을까? 해양 가장자리의 따뜻한 작은 물웅덩이인가 아니면 뜨거운 물이 솟아 나오는 심해 배출구인가? 지금으로서는 이 두 이론의 대결이 팽팽하다. 우리는 지구 상의 생명체가 대략 언제쯤 나타났는지를 말할 수는 있지만 이 놀라운 일이 어디에서 어떻게 일어났는지에 대해서는 아직 확실한 답을 알지 못하고 있다.

일부 과학자들은 생명체가 외계에서 왔다고 주장하기도 한다. 주로 물이 언 얼음이나 눈, 먼지로 이루어진 혜성의 구성 성분을 분석한 과학자들은 혜성에 유기물이 포함되어 있다는 것을 발견했다. 이것은 외계에서 만들어진 생명물질이 혜성이나 운석을 통해 지구에까지 도달하게 되었을 가능성을 나타낸다. 그러나 이는 생명체의 기원을 밝히는 일을 얼굴도 모르는 외계인에게 떠넘기는 것이라고 할 수 있다. 생명물질과 생명물질로 이루어진 생명체가 언제 어디에서 어떻게 생겨났는지를 밝혀내는 것은 과학자들에게 주어진 가장 큰 숙제이다.

생명체는 어떻게 분류할까?

현대 생물학의 기초를 확립한 18세기의 식물학자 칼 린네[1707~1778]는 속명과 종명에 명명자의 이름을 더하는 이명법과, 속명과 종명 그리고 아종의 명칭에 명명자의 이름을 더하는 삼명법을 제안했다. 또한 많은 생명체의 학명을 붙였다. 린네는 그때까지 알려져 있는 모든 생물을 식물계와 동물계로 분류하는 2계 분류 체계를 제안했고 이 분류법은 200년이 넘는 오랜 기간 동안 사용되었다.

그러나 19세기에 새로운 종류의 생명체가 많이 발견되면서 2계 분류 체계가 충분하지 않게 되었다. 이에 독일의 동물학자 에른스트 헤켈[1834~1919]은 원생생물계를 독립시켜 동물계, 식물계와 함께 3계 분류 체계를 제안했다. 원생생물계에는 조류가 포함되었고, 균류는 식물계에 포함시켰다.

현대 생물학자들이 주로 사용하는 생물 분류 체계는 미국의 식물생태학자 로버트 휘태커[1920~1980]가 1969년에 제안한 5계 분류 체계다. 휘태커는 동물계, 식물계, 균계, 원생생물계, 모네라monera계의 5계 생물 분류 체계를 제안했다. 모네라계에는 막으로 둘러싸인 핵을 가지고 있지 않으며 세포질에 유전물질이 있는 원핵생물이 포함되며, 원생생물계에는 광합성을 하지 않는 원생생물과 광합성을 하는 원생생물이 포함된다. 단세포 진핵생물과 조직 분화가 덜 된 다세포 진핵생물이나 단세포군을 이루는 진핵생물도 여기에 포함시켰다. 균계에는 다세포 생명체이지만 엽록체를 가지고 있지 않아 광합성을 하지 않고, 운동성이 없거나 거의 없는 곰팡이나 버섯과 같은 생명체가 포함된다. 식물계에는 여러 개의 세포로 이루어진 생물로 엽록체를 가지고 있어 광합성을 하는 생물이 포함되며, 동물계에는 광합성을 하지 않고 종속영양 섭취를 하는 여러 세포로 이루어진 생명체가 포함된다. 해면동물에서부터 척추동물까지의 모든 동물이 동물계에 포함된다.

미국의 미생물학자 칼 워즈는 1977년에 원핵생물을 세균과 고세균으로 구분하여 6계 분류 체계를 제안했다. 고세균과 세균은 모두 진핵세포에서 볼 수 있는 핵막이나 기관이 없고 긴 원형의 염색체 DNA를 가지고 있으며 작은 플라스미드^{plasmid}를 가진 경우도 있다. 고세균은 세포막을 구성하는 인지질의 구조가 세균과 다른 것을 비롯해 세균과 다른 점이 몇 가지 있다.

고세균에는 CO_2와 H_2를 메탄(CH_4) 기체로 전환하는 메탄 세균, 12~23%의 염도에서 잘 생장하며 적어도 9% 이상의 염도가 있어야 생존할 수 있는 호염성 세균, 45°C 이상의 높은 온도에서 생존하는 호열성 세균, 아주 높은 온도에서 생존하는 극호열성 세균으로 분류할 수 있다. 메탄 세균은 흔히 산소가

호열성 세균. © cc-by-sa-3.0; Amateria1121–

없는 진흙 속이나 강과 바다 바닥의 침전물 안에서 살지만, 구강이나 대장에서 사는 종도 있다. 호열성 세균은 지하 수천 미터나 온도와 압력이 매우 높은 곳에서도 번식하는 세균으로, 심해 분출구 근처에 사는 것도 여기에 포함된다.

워즈는 1990년에 원생생물, 균류, 식물, 동물을 묶어 진핵생물로 분류하며 고세균, 세균, 진핵생물의 3분류 체계를 제안하기도 했다.

린네(1735)	헤켈(1866)	휘태커(1969)	위즈(1977)	위즈(1990)
다루지 않음	원생생물	모네라	고세균	고세균
			세균	세균
		원생생물	원생생물	진핵생물
식물	식물	균류	균류	
		식물	식물	
동물	동물	동물	동물	

생물계의 분류.

원생누대

(25억 년 전~5억 4200만 년 전)

원생누대는 약 25억 년 전부터 5억 4200만 년 전까지의 시기다. 원생누대는 고원생대, 중원생대, 신원생대로 나눌 수 있다. 원생누대의 가장 중요한 사건은 대기에 산소가 포함되기 시작한 것이다. 처음 공급된 산소는 황과 철을 산화시켰고, 금속원소의 산화작용이 끝난 후에는 대기에 산소가 공급되었다. 이전까지 대기 중 산소의 농도는 지금의 1~2%에 불과했다.

광합성을 통해 공급된 산소에 산화되어 형성된 호상철광층은 현대 철광 수요의 대부분을 충

호상철광층.

당하고 있다. 적철석을 풍부하게 함유하는 적색 단층은 이전에는 발견되지 않다가 20억 년 전 이후에 퇴적된 암석에서 발견되기 시작한다. 이는 이 시기 이후로 대기 중의 산소 농도가 높아졌음을 나타낸다.

산소 함유량의 증가로 대기 중에 포함되었던 온실기체인 메탄이 산화되어 그 양이 줄어들자 지구의 온도가 내려가기 시작했다. 이로 인해 원생누대에는 여러 차례의 빙하기가 있었다. 가장 길고 혹독했던 휴런 빙하기는 대기 중 산소의 함유량이 급격히 증가한 직후인 24억 년 전부터 21억 년 전까지 3억 년 동안 계속되었다.

대기 중에 산소 함량이 증가하면서 발전된 단세포 생물과 다세포 생물이 나타났다. 진핵생물이 사용하는 산화질소가 풍부해진 것이 원인일 수 있다. 시아노박테리아는 산화질소를 이용하지 않는다. 미토콘드리아와 엽록체가 숙주 세포와 공생하기 시작한 것도 원생누대 동안에 일어난 일이다. 진핵생물이 번성한 시기에는 시아노박테리아도 크게 번성하여 스트로마톨라이트는 원생누대였던 12억 년 전에 가장 번성했다. 원생누대와 현생누대의 경계는 최초의 동물 화석인 삼엽충 화석이 나오기 시작하는 시기인 5억 4200만 년 전으로 정해졌다.

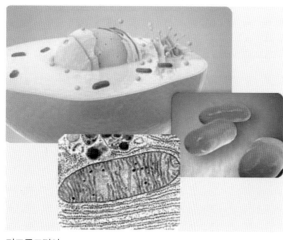

미토콘드리아.

지구도 하나의 생명체로
볼 수 있을까?

1979년 영국 출신으로 미국 NASA의 연구원이었던 제임스 러브록[1919~]은 《가이아: 지구 생명에 대한 새로운 시각》이라는 책을 통해 지구를 스스로 조절작용을 할 수 있는 하나의 생명체로 보는 가이아 가설을 제안했다. 가이아 가설은 지구의 대기권, 수권, 지권, 그리고 생물권이 유기적으로 결합되어 살아 있는 생명체와 같이 대사 작용과 조절 작용을 한다는 이론이다. 가이아[Gaia]는 고대 그리스 신화에서 대지의 여신을 가리키는 말로 지구를 나타내는 Ge와 할머니를 뜻하는 Aia가 결합되어 지구의 어머니라는 뜻을 가지고 있다.

러브록은 지구를 스스로 조절 작용을 하는 하나의 생명체라고 볼 수 있는 증거로 대기 중의 산소 함량이 오랫동안 일정하게 유지되어온 것, 대기와 바닷물의 온도가 생명체가 살아갈 수 있는 범위 내에서 유지된 것, 바닷물의 염도가 일정하게 유지되고 있는 것과 같은 것들을 들었다. 지구의 대기권과 수권, 그리고 생물권이 생명체의 기관들처럼 상호작용하여 지구의 환경을 생명체가 살아갈 수 있도록 일정하게 유지하고 있다는 것이다.

지구의 지질학적 과정과 생물학적 과정이 밀접하게 연관되어 있다는 생각은 이미 18세기부터 있었다. 지질학자였던 제임스 허튼[1726~1797]과 자연학자며 탐험가였던 알렉산더 폰 훔볼트[1769~1859]는 생명체, 기후, 지각이 서로 밀접한 관계를 가지고 함께 진화되어 왔다고 주장했다. 지구 대기의 산소, 질소, 이산화탄소가 생명체에 의해 만들어졌다는 것을 처음 알아낸 과학자들 중한 사람인 우크라이나의 지구화학자인 블라드미르 베르나드스키[1863~1945]는 1920년대에 다른 물리적 작용과 마찬가지로 생명체도 지구 환경을 바꾸어 놓는데 중요한 역할을 했다고 주장했다. 이런 생각들이 지구를 살아 있는 하나의 생명체로 보는 가이아 가설을 발전시키는 밑바탕이 되었다.

1900년대 있었던 미국과 소련의 우주 개발 경쟁도 가이아 가설 탄생에 한 몫했다. 두 나라의 우주 개발 경쟁으로 지구 밖에 나가 지구를 바라보는 것이 가능해진 것이 지구에 대한 새로운 시각을 가지도록 한 것이다. 우주에서 찍은 지구 사진은 지구를 하나의 생명체로 보게 하는데 도움을 주었다.

NASA의 제트추진연구소에서 화성 생명체를 찾아내는 연구를 하고 있던 러브룩은 1965년부터 지구가 생물학적 과정을 통해 자체적으로 조절작용을 하고 있다는 이론을 발전시키기 시작했다. 그는 행성의 대기는 생명체에게 영향을 받기 때문에 대기 성분을 분석하면 생명체가 있는지 알 수 있다고 했다.

러브룩은 1972년과 1974년에 발표된 논문과 1979년에 출판한 책을 통해 가이아 가설을 구체화했다. 그는 가이아 가설을 이용하여 지구 대기에 산소와 메탄이 일정한 양 포함되어 있는 이유를 설명하려고 했다. 1971년에 공생 진화설을 제안한 미국의 미생물학자인 린 마굴리스[1938~2011]도 가이아 가설의 과학적 기반을 마련하는 일에 동참했다. 미생물이 대기와 지표면에 주는 영향에 대해 연구했던 마굴리스는 지구를 하나의 생명체로 보는 데는 반대했다. 그녀는 가이아를 지구 표면에 나타난 거대한 하나의 생태계 안에서 이루어지고 있는 일련의 상호작용이라고 보았다. 우주에서 보는 가이아는 하나의 공생 관계에 있는 공동체라는 것이다.

1985년에 '지구는 생명체인가'라는 제목으로 매사추세츠 대학에서 첫 번째 가이아 심포지엄이 개최되었고, 1988년에는 샌디에이고에서 가이아 가설에 대한 첫 번째 학술회의가 열렸다. 이런 회의에서 일부 학자들은 지구를 하나의 생명체로 보는 가이아 가설은 지구를 보는 새로운 시각을 제공한 중요한 이론이라고 평가했지만 과학적 근거가 부족한 확실하지 않은 이론이라고 비판하는 학자들도 있었다. 가이아 가설을 비판하는 사람들은 지구 환경과 생명체가 서로 상호작용한다는 것은 이미 잘 알려진 과학적 사실이어서 가이아 가설이 새로울 것이 하나도 없다고 주장하기도 했다. 미국의 고생물학자이며 진화론자인 스티븐 제이 굴드[1941~2002]는 가이아 가설이 하나의 비유에 지나지 않는다고 비판했다. 그는 가이아 가설이 지구가 조절작용을 통해 항상성을 유지해 가는 메커니즘을 제대로 제시하지 못했다고 주장했다.

러브록은 지구 대기의 산소 함량이 일정하게 유지되는 것을 가이아 가설의 중요한 증거로 들었다. 지구 대기에 산소 함량이 평형 상태에 도달한 이후에는 오랫동안 호기성 생명체가 살아가기에 적당하도록 유지되어온 것은 사실이다. 그러나 원생대에는 대기 중 산소 함량이 일정하게 유지되지도 않았고, 함량의 변화가 기존의 생명체에게 유리한 방향으로 일어나지도 않았다. 산소 함량의 증가는 오히려 기존에 존재하던 혐기성 생명체를 파괴하는 방향으로 작용했다. 따라서 대기 중 산소 함량은 가이아 가설의 증거로는 적당하지 않아 보인다.

빙하기

(24억 년 전, 7억 5000만 년 전)

지구의 역사에는 많은 빙하기가 있었다. 대부분의 빙하기는 극지방의 얼음이 적도를 향해 진출하다가 다시 극지방으로 후퇴하는 부분적인 빙하기였지만 지구 전체가 얼음과 눈으로 뒤덮이는 전 지구적인 빙하기도 여러 번 있었다.

과거에 현재보다 온도가 낮았던 빙하기가 있었다는 증거가 발견되기 시작한 것은 18세기부터였다. 처음 발견된 빙하기의 증거는 표석이었다. 얼음이 서서히 흘러내리는 빙하는 많은 양의 퇴적물을 운반한다. 따라서 빙하가 녹거나 후퇴하고 나면 그 지역에는 빙하가 운반해온 퇴적물이나 암석이 남게 된다. 빙하가 물러간 지역에 그 지역에서는 발견하기 어려운 커다란 암석이 남아 있는 것을 표석이라고 한다. 처음 표석이 발견된 곳은 알프스의 골짜기였지만 곧 세계 곳곳에서 발견되어 빙하기가 특정한 지역에 국한된 현상이 아니라 전 지구적인 현상이었다는 것을 알게 되었다.

이 표석들이 빙하에 의해 옮겨진 것이라는 것을 처음으로 지적한 학자는 스웨덴의 광산 전문가였던 다니엘 틸라스[1712~1772]였다. 틸라스는 1742년에 스칸디나비아와 발트 해 지역에서 발견되는 표석이 바다에 떠다니는 유빙에 의해 옮겨졌다고 주장했다. 1795년에는 영국의 자연 철학자였던 제임스 허튼[1726~1797]이 알프스 지역에서 발견된 표석이 빙하에 의해 옮겨졌다고 주장했다. 그리고 1818년에는 스웨덴의 식물학자 괴란 발렌베르그[1780~1851]가

빙하 표석. © cc-by-sa-3.0; Marko Vainu

스칸디나비아 지방에 상당한 기간 동안 빙하기가 있었다고 주장했다. 하지만 그는 빙하기를 전 세계적인 현상이 아니라 스칸디나비아의 지역적인 현상이라고 생각했다.

독일의 식물학자 칼 프리드리히 쉼퍼[1808~1867]는 거대한 표석이 어디에서 온 것인지를 알아내기 위한 과학적 조사를 시작했다. 1835년 여름 그는 알프스 지역을 답사하여 많은 증거를 수집한 후 알프스의 고지대로부터 얼음이 표석들을 운반해왔다고 결론지었다. 쉼퍼는 이런 증거들을 바탕으로 과거에 지구 전체의 온도가 내려가는 빙하기가 있었다고 주장했다. 쉼퍼는 1836년 겨울 대학 친구였던 루이스 아가시즈[1801~1873]와 함께 과거에 여러 번의 빙하기가 있었다는 이론을 제안했다. 1837년에 쉼퍼는 처음으로 빙하기라는 용어를 사용했다. 그러나 처음 탄생할 때 용융된 상태였던 지구가 계속 식어서 현재의 상태에 이르렀다고 믿고 있던 당시의 학자들은 과거에 지금보다 추웠던 빙하기가 있었다는 주장에 대해 매우 비판적이었다. 아가시즈는 1840년에 더 많은 현장 답사를 통해 수집한 빙하기의 증거를 책으로 출판했다.

지구에 여러 번의 빙하기가 있었다는 빙하기 이론이 과학자들에게 널리 받아들여진 것은 19세기 말이었다.

과거에 빙하기가 있었다는 증거는 지질학적 증거, 화학적 증거 그리고 고생

물학적 증거로 나눌 수 있다. 지질학적 증거에는 빙하에 의해 연마되고 긁힌 암석, 빙하가 운반해 쌓아놓은 암석인 빙퇴석, 빙하 퇴적물이 타원형으로 쌓여 만들어진 언덕인 빙퇴구, 빙하에 의해 깎여나간 골짜기, 빙하에 의해 형성된 빙력토, 빙하 표석 등이 있다. 그러나 후에 있었던 빙하기가 전에 있었던 빙하기의 흔적들을 변형시켰거나 지워버렸기 때문에 지질학적 증거를 조사하여 빙하기의 횟수나 연대를 알아내는 것은 매우 어려운 일이었다.

빙하기가 있었다는 화학적 증거는 주로 퇴적층이나 해저 퇴적암에 포함된 동위원소의 비율이다. 최근에 있었던 빙하기에 대한 화학적 증거는 극지방에서 채취한 오래 전에 만들어진 얼음 안에 들어 있는 기포에 포함된 공기를 분석하여 찾아낸다. 무거운 동위원소를 포함하고 있는 물은 더 높은 온도에서 증발한다. 따라서 공기 중에 포함된 무거운 동위원소의 비율은 당시의 온도를 알려주는 지표가 된다.

화석의 지리적 분포의 시대에 따른 변화는 빙하기에 대한 고생물학적 증거가 된다. 빙하기에는 추운 기후에 잘 적응하는 생물의 화석이 저위도에서도 발견된다. 반면에 더운 기후를 좋아하는 생명체는 그 수가 줄어들거나 멸종하고 적도에 가까운 지역에만 분포하게 된다. 이런 증거들을 분석하여 과학자들은 여러 번 빙하기가 있었다는 것을 알아냈다.

여러 가지 증거를 통해 지구에 여러 번의 빙하기가 있었다는 것을 알게 된 과학자들은 빙하기의 원인을 찾기 시작했다.

1942년에는 프랑스 과학자 조제프 마드헤마[1797~1862]가 2만 2000년을 주기로 하는 지구 자전축의 세차운동이 빙하기의 원인이라고 주장했다. 자전축의 세차운동으로 지구는 1만 1000년마다 여름이 겨울로 그리고 겨울은 여름으로 계절이 바뀐다.

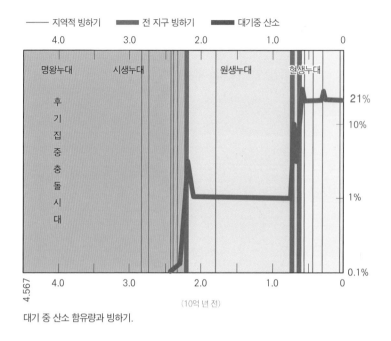

대기 중 산소 함유량과 빙하기.

그 후 빙하기가 생기는 원인에 대해 여러 가지 가설이 제안되었지만 아직 충분히 이해하지 못하고 있다. 한 가지 가능성은 태양 활동이 줄어들어 지구가 받는 에너지의 양이 적어져 지구의 온도가 내려가 빙하기가 발생한다는 이론이다. 또 다른 가능성은 화산 분출이나 운석의 충돌로 인해 공기 중에 포함된 먼지의 양이 증가하여 더 많은 태양 빛을 우주로 반사하기 때문에 대기의 온도가 내려가 눈과 얼음이 더 많이 만들어진다는 것이다. 더 많은 얼음이 지구를 덮으면 표면에서 더 많은 태양 빛을 반사하여 지구의 온도는 더 내려가게 된다. 그러나 다른 이론들과 마찬가지로 이 이론도 빙하기가 사라지는 것을 제대로 설명할 수 없다는 문제가 있다.

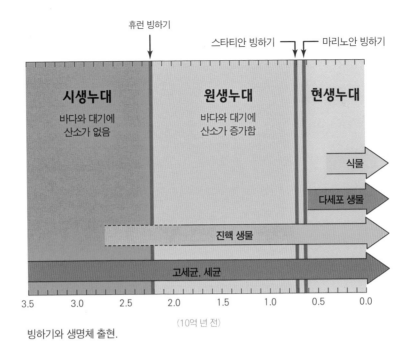

빙하기와 생명체 출현.

    지구 상에 있었던 빙하기 중에서 최초이자 가장 오래 이어진 휴런^Huron^ 빙하기는 24억 년 전에서 시작해 21억 년 전까지 3억 년 동안 계속되었던 빙하기로, 대기 중 메탄 함유량이 급격히 줄어들고 산소가 급격히 증가한 시기 뒤에 발생했다. 휴런 빙하기는 알려진 빙하기 중에서 가장 오래되었으며 지구 상에 단세포동물만 존재하던 시기에 일어났다. 이 빙하기를 휴런 빙하기라고 부르는 것은 이 빙하기의 퇴적물이 5대호의 하나인 휴런 호 지역에서 발견되었기 때문이다.

    당시의 태양은 지금보다 훨씬 적은 에너지를 방출하고 있었기 때문에 지구는 두터운 메탄층의 온실효과로 겨우 0℃ 이상의 온도를 유지하고 있었다. 그러나 지구 대기 중에 산소 함유량이 급격히 증가하면서 메탄이 산화되자 온실효과가 약해져 지구 온도가 빠르게 내려간 것으로 보인다. 대기 중 이산화탄소 함유량이 줄어든 것도 빙하기의 한 원인으로 지적되고 있다. 이산화탄소의 양이 줄어든 것은 탄산칼슘의 증가나 화산활동이 줄어들어 이산화탄소의 배출량이 감소했기 때문일 것으로 추정된다. 태양 빛을 잘 반사하는 육지 면적의 증가나 지구의 공전궤도 변화가 휴런 빙하기의 원인일 가능성도 있다.

24억 년 전부터 21억 년 전까지 3억 년 동안 지구가 얼음으로 뒤덮였던 휴런 빙하기 외에도 원생누대에는 전 지구적인 빙하기가 두 번 더 있었다. 하나는 7억 5000만 년 전에 시작하여 7억 년 전까지 약 5000만 년 동안 이어진 스타티안^{Sturtian} 빙하기이고 다른 하나는 6억 6000만 년 전부터 6억 3500만 년 전까지 2500만 년 동안 이어진 바랑거 빙하기라고도 불리는 마리노안^{Marinoan} 빙하기다. 이 빙하기 동안에는 적도까지 눈으로 덮여 지구 전체가 얼음 덩어리가 되었다. 따라서 이때의 지구를 눈덩이 지구라고 부른다. 스타티안 빙하기와 마리노안 빙하기의 원인을 설명하는 이론 중 하나는 여러 개의 세포로 이루어진 다세포생물이 출현하여 많은 양의 생명 물질이 해저에 침전되면서 대기 중 이산화탄소의 양이 줄어든 것이 대기의 온실효과를 감소시켜 지구의 온도가 내려갔다는 것이다. 빙하기와 대기 중 산소 함유량의 변화 사이에 밀접한 관계가 있는 것으로 보아 생명체가 빙하기의 원인이라는 설명이 설득력을 얻고 있다. 그러나 빙하기의 원인과 진행 과정에 대해서는 아직 알려지지 않은 부분이 많이 남아 있다.

눈사람(스노우볼) 지구.

호상철광석은
어떻게 만들어졌을까?

호랑이 무늬를 닮은 철광석이라는 의미에서 호상철광석이라 부르지만 영어로는 띠 모양 철광석$^{BIF, Banded iron formations}$라고 부르는 이 철광석은 주로 원생누대에 형성되었다. 호상철광석은 마그네타이트(Fe_2O_3)나 헤마타이트(Fe_2O_4)를 많이 포함하고 있는 검은색 또는 은색 층과 철을 조금밖에 포함하지 않은 셰일이나 규소질 암석층으로 이루어진 붉은색이나 옅은색 층이 반복적으로 쌓여 형성되었다. 옅은색 층에는 두께가 1mm 이하인 산화철을 함유한 미세층이 포함되어있다.

37억 년 전에 형성된 일부 암석에서도 띠 모양의 산화철 퇴적층이 발견되었다. 그러나 철을 많이 포함하고 있는 층은 주로 24억 년 전과 19억 년 전에

호상철광석. © cc-by-2.0; James St. John

퇴적되었다. 18억 년 전 이후에는 호상철광석의 형성이 현저히 줄어들었다가 7억 5000년 전에 다시 많이 형성되었다.

호상철광석이 형성되는 과정과 원인을 설명하는 여러 가지 이론이 제시되어 있지만 아직 충분히 이해하지 못하고 있다. 일반적으로 받아들여지는 설명은, 시아노박테리아가 방출한 산소가 바다에 녹아 있던 철을 산화시켜 물에 녹지 않는 산화철을 형성했고, 이 산화철이 바다 밑에 퇴적되어 호상철광석을 만들었다는 것이다. 호상철광석이 띠 모양의 구조를 가지게 된 것은 바닷물에 포함된 산소의 양이 주기적으로 변했기 때문이라고 설명하고 있다.

그러나 이러한 산소 함유량의 변화가 계절적인 변화에 의한 것인지 아니면 또 다른 알려지지 않은 원인에 의한 것인지는 확실하지 않다. 일부 학자들은 띠 모양의 구조가 나타나게 된 원인을 빙하기에서 찾기도 한다.

그런가 하면 18억 5000만 년 전에 있었던 서드베리 만 운석 충돌처럼 운석의 충돌이 산소를 많이 포함하고 있던 물을 뒤섞어놓아 일시적으로 산화철이 많이 형성되면서 띠의 형성에 영향을 주었다는 이론도 제기되었다. 지름 10km 크기의 운석이 충돌한 서드베리 만의 경우 충돌 중심지에서는 1000m 높이의 쓰나미가 발생했으며 3000km 떨어진 곳에서도 100m 높이의 쓰나미가 발생했을 것으로 추정된다. 이 충돌 전후에 형성된 호상철광석에 포함된 이산화철과 삼산화철의 양이 다른 것은 이 충돌이 어떤 식으로든 호상철광석 형성에 영향을 주었으리라는 것을 알려준다. 그러나 지질학적 증거들은 운석 충돌 외에도 전 세계적인 환경 변화가 있었음을 보여준다. 따라서 호상철광석의 형성 과정에 대해서는 앞으로 더 많은 연구가 필요하다.

호상철광석은 현대 철광석 수요의 대부분을 공급하고 있다. 현대 문명이 철을 재료로 하는 문명이라고 볼 때 24억 년 전, 바다에 살았던 광합성을 하던 미생물이 오늘날 문명의 기초를 놓았다고 할 수 있을 것이다.

진핵생물의 출현

(12억 년 전)

생명의 진화 단계에서 구분된 막으로 둘러싸인 핵을 포함하고 있는 진핵세포로 이루어진 생물의 출현은 매우 중요한 의미를 가진다. 왜냐하면 현재 지구에 존재하는 대부분의 생명체가 진핵세포로 이루어져 있기 때문이다. 진핵생물이 지구 상에 나타난 시기는 정확하게 알 수 없다. 여러 가지 화석 증거에 의하면, 진핵생물은 21억 년 전에서 16억 년 전 사이에 나타난 것으로 추정된다. 그러나 현재 존재하는 생명체와 연결 지을 수 있는 조류의 화석이 나타난 것은 약 12억 년 전이다. 그런데 일부 조류 화석은 17억 년 전의 것으로 보이기도 한다. 과학자들 중에는 이보다 이른 시기인 27억 년에 이미 진핵생물이 출현했다고 주장하는 사람들도 있다.

진핵생물의 세포는 막으로 구분된 핵을 가지고 있는 것이 가장 큰 특징이지만 여러 가지 세포 소기관을 가지고 있는 것도 특징들 중 하나다. 세포 소기관 중 미토콘드리아나 엽록체는 진화 과정에서 외부의 원핵세포들이 세포 내 공생체로 도입된 것으로 보인다. 그 외 소기관들도 각각 특정한 업무를 수행하도록 분화되었다.

진핵세포. © cc-by-2.5: Verisimilus

원핵세포.

　원핵생물에서 진핵생물로 진화하는 과정을 설명하는 이론 중 하나가 세포 내 공생설이다. 미국의 진화 이론가이며, 교육자였던 린 마굴리스[1938~2011]가 처음 재안한 세포내 공생설은 다른 종류의 원핵생물들이 생존을 위해 공생 관계를 맺게 되고 결국은 하나의 세포로 발전했다는 이론이다. 다른 원핵생물 에게 먹힌 원핵생물이 소화되지 않은 채로 남아 있다가 공생하게 된 것일 수 도 있다. 다른 세포소기관과는 달리 미토콘드리아는 자체적인 DNA를 가지 고 있으며, 일부 효소를 자체적으로 합성할 수 있다. 세포내 공생설을 주장하 는 학자들은 미토콘드리아의 이런 특성은 미토콘드리아가 원래 독립된 원핵 생물이었다가 공생 관계를 거쳐 세포내 소기관으로 자리 잡게 되었기 때문이 라고 설명한다. 미토콘드리아는 호기성 세균에서 유래했을 가능성이 있다. 세 포내 공생설을 주장하는 학자들은 엽록체도 공생을 통해 세포내 소기관이 되었 다고 주장한다. 엽록체는 광합성을 하는 호기성세균에서 유래한 것으로 보인다.

진핵세포가 단백질을 만드는 과정을 보여준다.

에디아카라 동물군

(6억 년~5억 4500만 년 전)

오랫동안 사람들은 복잡한 구조의 다세포생물이 캄브리아기 초에 최초로 등장했다고 알고 있었다. 그러나 캄브리아기 이전에도 복잡한 구조를 가진 다세포생물이 존재했다는 것이 밝혀졌다. 에디아카라 동물군에 속하는 동물들은 캄브리아기 이전에 존재했던 다세포동물의 대표적인 예이다.

최초의 에디아카라 화석은 1872년 캐나다에서 발견된 원반형의 아스피델라 화석인데 그것이 생물의 화석으로 인정받은 것은 한참 뒤의 일이다. 1933년에는 아프리카 나미비아의 캄브리아기 이전 지층에서 독특한 형태의 생물 화석이 발견되었고, 1946년에는 오스트레일리아 남부에 있는 에디아카라 지역에서도 비슷한 화석들이 발견되었으나 캄브리아기 이전에 대형 생물이 살았을 가능성이 배제되어 별 관심을 받지 못했다.

그런데 1957년에 영국에서 발견된 카르니아 화석이 캄브리아기 이전에 살았던 생물의 화석이라는 것이 확인되었다. 이로 인해 캄브리아기 이전에 살았던 다양한 생물들에 관심을 가지게 된 과학자들은 캄브리아기 이전 시대의 화석이 다량으로 발견된 원생누대의 마지막 시기를 에디아카라기로 명명하고 이 시기의 동물을 에디아카라 동물군이라 부르기로 했다.

에디아카라 동물군은 6억 년 전부터 5억 4300만 년 전까지 지구에 살았던 다양한 연체동물들로, 5억 5500만 년 전에서 5억 4300만 년 전 사이에 형성된 지층에 가장 많이 포함되어 있다.

에디아카라 동물들은 형태에 따라 원형으로 생긴 것, 나뭇잎처럼 생긴 것, 그리고 타원형 혹은 긴 타원형으로 생긴 것의 세 부류로 분류한다. 에디아카라 동물은 일부 해면동물과 대칭동물을 제외하고는 대부분 자포동물들이다. 수중 생활을 하며 운동성이 적은 방사대칭성의 몸으로 고착생활을 하거나 부유생활을 하는 해파리 같은 것이 자포동물이다. 이들은 해파리처럼 물 위를 떠다니면서 플랑크톤을 걸러 먹었을 것으로 보인다.

에디아카라 동물군 화석이 발견되는 지층에서는 다른 동물을 잡아먹은 포식의 흔적을 찾아볼 수 없어 포식은 아직 일어나지 않았을 것으로 추정하고 있다. 에디아카라 동물들은 진흙 속의 유기물을 긁어 먹거나 걸러 먹었던 것 같다. 에디아카라 동물군의 화석이 발견되는 지층에서는 흙을 모은 흔적, 긁은 흔적, 빨아 먹었던 흔적 등 다양한 흔적화석들이 발견되고 있다.

에디아카라 동물 중 가장 유명한 것은 흐물흐물한 에어백 같은 몸 구조를 가진 디킨소니아였다. 몸길이가 1m 정도 되었던 것으로 보이는 디킨소니아는 해파리의 일종으로 보이기도 하지만 산호, 갯지렁이 또는 말미잘이나 버섯으로 분류하는 학자들도 있다. 디킨소니아와 같은 과인 요르기아

디킨소니아. © cc-by-sa 2.5; Verisimilus

의 몸은 중심축을 중심으로 양쪽으로 나뉘는 체절로 이루어져 있는데 좌우가 완전한 대칭은 아니었다.

초승달 모양의 머리와 여러 몸마디들로 나누어진 약간 구불거리는 몸을 지녔던 스프리기나의 최대 몸길이는 4.6cm로 나뭇잎 모양을 하고 있다. 스프리기나는 지렁이와 같은 환형동물문에 속하는 동물이었거나 삼엽충의 조상격인 절지동물문에 속하는 동물일 가능성도 있다.

카르니오디스쿠스는 뿌리를 땅에 박고 유기물을 빨아 먹었던 동물로 보이고, 킴베렐라는 튀어나온 긴 입술에 달려 있는 뾰족하고 강한 돌기로 퇴적물을 쪼개서 유기물을 찾아내 먹었던 흔적이 남아 있다. 그 외에 프테리디늄이나 고르디아 같은 생물들이 공존했던 것으로 밝혀졌다. 흥미로운 점은 에디아카라 동물들이 캄브리아기에 지구 상에 나타난 동물들과의 연관성을 찾기 힘들다는 것이다.

요르기아.

스프리기나.

에디아카라 생물들은 캄브리아기가 시작되기 직전에 멸종했다. 갑작스러운 멸종 원인에 대해서는 정확히 알 수 없으나 몇 가지 가능성이 제기되어 있다. 학자들 중에는 에디아카라 동물들 사이의 경쟁으로 멸종했을 가능성이 크다고 주장하는 사람들이 있다. 짧은 기간 동안 급속

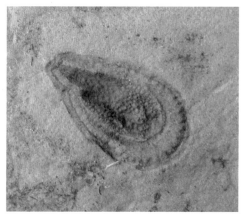

히 번성했던 에디아카라 동물들이 격심한 생존경쟁을 겪으면서 사라져갔을 수 있다는 것이다. 그런가 하면 갑작스러운 환경 변화가 멸종 원인일 것이라고 주장하는 사람들도 있다. 캄브리아기 직전에 있었던 초대륙의 분열, 해수면 상승, 바닷물과 대기의 화학적 조성의 변화 등이 복합적으로 작용하여 에디아카라 생물들을 멸종시켰다는 것이다. 일부 학자들은 연체동물이었던 에디아카라 동물을 포식하는 포식자들의 등장으로 멸종했을 것으로 주장하고 있다. 이런 여러 가지 원인이 복합적으로 작용하여 에디아카라 동물들이 멸종했을 가능성도 있다.

지각의 이동과 판구조론

독일 태생으로 플랑드르 지방에서 활동한 지도 제작자 아브라함 오르텔리우스[1527~1598]는 1587년에 출판한 《지리학 사전》에서 처음으로 대륙이 이동하고 있다고 주장했다. 1620년에는 프랜시스 베이컨[1561~1626]도 대서양 양안의 해안이 서로 잘 들어맞는다고 지적하면서 대륙 이동을 다시 거론했다. 1880년대에는 많은 과학자들이 대륙 이동과 관련된 여러 가지 이론을 제안했다. 1885년에 오스트레일리아의 지질학자 에드워드 세우스[1831~1914]는 남반구의 대륙들이 한때 곤드와나라는 하나의 큰 대륙을 이루고 있었다고 주장했다.

그러나 1915년에 《대륙과 해양의 기원》을 통해 대륙 이동을 공식적으로 처음 제기한 사람은 독일의 과학자 알프레트 베게너[1880~1930]였다. 그는 대륙들이 한때 판게아라고 부르는 하나의

곤드와나

거대한 초대륙으로 결합되어 있었으며 주변에는 하나의 큰 대양인 판탈라사가 둘러싸고 있었다고 주장했다. 또한 이 거대한 대륙이 2억 년 전에 분리되어 로라시아는 북쪽으로 이동하고, 곤드와나는 남쪽으로 이동했다고 설명했다. 베게너는 세우스가 발견한 여러 대륙에 분포하는 글로소프테리스라고 부르는 양치식물의 화석, 어니스트 헨리 섀클턴[1874~1922]이 발견한 남극의 석탄, 인도·아프리카·오스트레일리아의 열대 지방에서 발견된 유사한 빙하 침식, 아프리카와 남아메리카 해안의 일치, 그리고 확실하지는 않지만 바다에 떠다니는 부빙과 같은 많은 관측 결과를 바탕으로 대륙이 이동하고 있다고 주장했다.

베게너의 대륙이동설은 현재 널리 받아들여지고 있지만 그가 살아 있던 시기에는 이에 대한 반론도 만만치 않았다. 대륙이동설이 널리 받아들여지지 않았던 것은 대륙의 이동을 설명하는 메커니즘을 제시하지 못했기 때문이었다. 1930년 50세이던 베게너가 그린란드에서 연구 중 사망하고 30여 년이 지난 1960년대가 되어서야 대륙이동설이 인정받기 시작했다. 그 후 측정 장비와 기술의 발전으로 거대한 지각판 위에서 대륙이 이동하고 있다는 것을 증명할 수 있게 되었다. 대륙 이동에 대한 베게너의 이론은 현대 지질학의 기초가 된 판구조론으로 발전했다.

대륙이동설의 증거는 여러 가지가 있다. 대륙의 해안 모습이 잘 들어맞는 것이 가장 중요한 증거다. 겉으로 보이는 해안선보다 대륙의 실제 가장자리라고 할 수 있는 깊이 2000m의 대륙 사면의 모습은 훨씬 더 잘 들어맞는다. 멀리 떨어져 있는 대륙의 지질학적 유사점과 각 대륙에서 발견되는 화석도 대륙이 이동하고 있다는 증거로 제시되고 있다. 예를 들어 애팔래치아 산맥과 칼레도니데스 산맥은 지질학적으로 볼 때 비교적 유사하고, 아프리카 남부와 아르헨티나의 퇴적분지 역시 유사점을 가지고 있다. 과학자들이 중생대에는 하나의 대륙으로 결합된 것으로 믿고 있는 북아메리카와 유럽에서는 중생대에 번성했던 유사한 파충류 화석들이 발견되며, 남아메리카·아프리카·남극·오스트레일리아 그리고 인도에서는 석탄기와 페름기의 유사한 식물과 동물 화석들이 발견된다. 그러나 이 대륙들이 멀리 떨어진 후인 신생대 생명체들은 대륙별로 매우 다르다.

대륙이동설은 판구조론으로 발전했다. 지각과 암석권의 변화를 상부 맨틀의 신축성 있는 연약권 위에서 지구 표면을 이동하고 있는 10여 개의 얇고 단단한 판들의 상호작용으로 설명하는 이론을 판구조론이라고 한다. 판구조론은 지각 판들이 충돌하고, 지나가고, 넘어가고 또는 섭입될 때 지각에 일어나는 변형을 설명한다. 판구조론은 베게너의 대륙이동설과 해저가 확장되고 있다는 발견을 결합한 것이라고 할 수 있다.

판구조론은 지구 내부에 대한 연구에 큰 변화를 가져왔다. 이 이론은 과학자들이 산맥, 화산, 해양분지, 대양중앙해령, 심해해구와 같은 지형의 형성 과정과 지진 및 화산의 형성 과정을 이해할 수 있도록 했다. 또한 대륙과 해양의 과거를 들여다볼 수 있는 실마리를 제공했으며, 기후와 생명체가 어떻게 진화해왔는지에 대해서도 심도 있는 연구를 할 수 있도록 했다.

1965년에 투조 윌슨[1908~1993]은 샌프란시스코 부근에 있는 샌안드레아스 단층이 지각 판의 경계인 변환단층이라고 설명했다. 1968년에는 크자비어 르피촌[1937~]이 지구 표면을 이루는 중요한 여섯 지각 판의 운동을 정량적으로 설명한 모델을 만들었다. 1973년에 그는 판구조론에 관한 첫 번째 교과서를 출판했다.

1969년에 과학자들은 1961년과 1967년 사이에 발생한 모든 지진의 위치를 정리하여 출판했다. 대부분의 지진이 지구의 좁은 지역에서 발생한다는 것을 발견한 그들은 후에 화산도 좁은 지역에 분포한다는 것도 알게 되었다. 따라서 지진과 화산이 자주 발생하는 지역이 판의 경계라는 것을 알게 되었다.

온도가 높은 연약권 맨틀이 표면으로 올라와 옆으로 벌어지면서 느린 컨베이어 벨트처럼 해양과 대륙을 이동시키는 해저 확장은 지각 판이 이동하는 것을 도와주는 지질학적 과정이다. 이런 지역을 대양중앙해령이라고 부른다. 대서양 중앙해령이 대표적인 예다. 새롭게 만들어진 암석권은 확장 중심에서 멀어지면 식는다. 이 때문에 대양중앙해령에서 가까운 곳의 해양 암석권은 젊고, 멀어질수록 오래되었다. 암석권이 식으면 밀도가 높아져 아래 있는 연약권 가까이 내려간다. 이 때문에 확장 중심에서 멀어지면 해양이 깊어지고 중앙해령에서는 얕다. 해저 확장을 처음 발견한 사람은 프린스턴 대학의 지질학자이며 미 해군 소장이었던 해리 헤스[1906~1969]와 미국 해안 측지측량국의 과학자였던 로버트 디즈[Robert S. Dietz, 1914~1995]였다.

해저 지반이 확장되는 속도는 지역에 따라 다르다. 대서양 중앙해령에서는 매년 1.54cm씩 확장되고 있으며, 태평양 중앙에서는 매년 15cm씩 확장되고 있다. 과학자들은 해저 지반이 확장되는 속도가 시간이 감에 따라 달라진다고 믿고 있다. 예를 들면 1억 4600만 년 전부터 6500만 년 전까지 이어진 백악기에는 해저 지반이 매우 빠르게 확장되었다. 일부 연구자들은 지각 판의 이런 빠른 이동이 공룡 멸종에 영향을 주었을 것으로 생각하고 있다. 시간이 흐르면서 대륙의 위치가 변하면 기후도 변하게 된다. 그리고 더 많은 판의 이동은 화산활동을 활발하게 하여 대기 상층부에 더 많은 양의 먼지와 기체를 방출해 큰 기후변화를 초래했을 것이다. 기후와 식물상의 변화가 여러 종류의 공룡을 멸종에 이르게 했다는 것이다.

지구 상에는 모든 대륙지각과 해양지각 그리고 맨틀 일부를 포함한 10여 개의 중요한 지각 판이 있다. 모든 지각 판은 지표면을 이동하면서 경계에서 다른 지각 판과 상호작용하고 있다. 지각 판의 경계에는 발산 경계, 수렴 경계, 변환 경계, 판 경계 지역의 네 종류가 있다. 발산 경계는 두 판이 서로 멀어지면서 새로운 지각을 형성하고 있는 경계다. 해저 확장은 이러한 발산 경계에서 일어난다. 발산 경계를 따라 발생하는 지진은 얕은 곳에서 일어난다. 발산 경계는 지질학적으로 볼 때 비교적 젊은 지형이다. 일반적으로 발산 경계의 확장 속도는 1~8cm/yr 정도다. 대서양 중앙해령은 유라시아판과 북아메리카판이 서로 멀어지는 발산 경계다.

수렴 경계는 해구로 이루어진 경계다. 태평양판과 필리핀판이 수렴하는 마리아나 해구는 세계에서 가장 깊은 곳이다. 수렴 경계는 해양판이 맨틀로 섭입하는 섭입대이다. 수렴 판 경계에서는 판이 섭입에 의해 파괴된다. 마리아나 해구 외에도 남아메리카의 안데스 산맥도 나스카판이 남아메리카판 아래로 섭입되는 수렴 경계 위에 놓여 있다. 수렴 경계를 따라 발생하는 지진은 얕거나 깊고 이 지역의 자각은 발산 경계의 지각보다 오래되었다.

변환 경계는 두 판이 서로 옆으로 이동하는 경계로서 새로운 지형이 만들어지거나 기존의 지형이 파괴되는 일이 일어나지 않는 경계이다. 예를 들면 캘리포니아의 샌안드레아스 난승은 북아메리카판과 태평양판이 서로 옆으로 미끄러지는 변환 경계다. 판 경계 지역은 아직 잘 정의되지 않은 채로 남아 있는 넓은 지역이다.

판 경계 지역에서의 판들의 상호작용 효과는 확실하지 않다. 예를 들면 아프리카판과 유라시아판 사이에 있는 지중해-알프스 지역은 잘 정의되어 있지 않다. 큰 지각 판 사이에 있는 이 지역에는 여러 개의 작은 판들이 있다. 그 때문에 이 지역의 지질학적 구조나 지진의 형태는 매우 복잡하다.

지각 판의 이동속도는 판에 따라 다르다. 예를 들면 가장 빠르게 이동하는 오스트레일리아판은 북쪽으로 매년 17cm씩 이동한다. 대서양 동쪽에 있는 유라시아판과 서쪽에 있는 북아메리카판은 매년 1~2.54cm씩 이동한다. 이

속도는 대부분의 판의 이동속도와 같다. 실제로 대서양은 1492년 콜럼버스가 항해한 이래 10m 더 넓어졌다.

지각 판의 이동으로 대륙의 위치는 시간이 지나면서 달라졌다. 6억 년 전에 지구 상에는 로디니아라고 하는 거대한 하나의 대륙이 형성되었고, 고생대가 시작되던 5억 년 전에는 북아메리카와 유라시아를 포함하는 로러시아와 남아메리카와 남극, 오스트레일리아, 인도를 포함하는 곤드와나 대륙으로 분리되기 시작했다. 그리고 2억 5000만 년 전에는 대륙들이 다시 하나로 모여 초대륙인 판게아를 형성했다. 그런 다음에 이 거대한 대륙 판게아가 다시 로러시아와 곤드와나로 분리되었다. 신생대가 시작되는 6500만 년 전에는 북아메리카와 유라시아 대륙 그리고 아프리카가 연결되어 있었다. 그러나 대서양이 넓어지면서 북아메리카가 유라시아 대륙으로부터 떨어져 나가 남아메리카와 연결되어 오늘날의 대륙 모습을 갖추게 되었다.

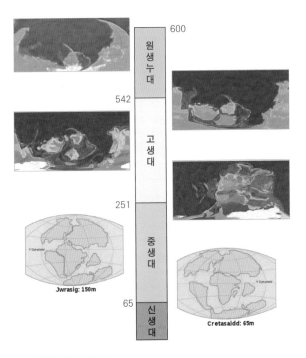

시대별 대륙의 분포.

제4부

고생대의 지구

생명체로 넘처나는 고생대

(5억 4200만 년 전~2억 5100만 년 전)

고생대는 5억 4200만 년 전부터 2억 5100만 년 전까지의 시대로 캄브리아기, 오르도비스기, 실루리아기, 데본기, 석탄기, 페름기로 구분된다. 고생대는 크게 캄브리아기, 오르도비스기, 실루리아기를 포함하는 전기 고생대, 데본기, 석탄기, 페름기를 포함하는 후기 고생대로 나누기도 한다. 전기 고생대는 1억 2600만 년 동안 계속되었으며, 후기 고생대는 1억 6500만 년 동안 계속되었다.

캄브리아기 이전에 있었던 세계적인 한랭 현상은 캄브리아기 초기까지 계속되다가 그 후 온난기가 지속되었다. 전기 고생대에는 광범위한 지각의 융기 작용으로 북아메리카, 유럽, 아시아 등지에 큰 산맥이 형성되었다. 새로 생긴 대륙 남쪽에는 커다란 바다가 생겼으며, 북아메리카 대부분은 따뜻하고 얕은 바다가 되어 많은 산호가 서식했다.

캄브리아기 초기에는 여러 종류의 무척추동물이 출현하여 캄브리아기 이전과는 뚜렷한 변화를 보인다. 캄브리아기에는 아직 대부분의 동물의 각질부가 단단한 석회질보다는 연한 유기질로 되어 있었으며, 주로 삼엽충과 완족동물

542	고생대	캄브리아기	캄브리아기 생명 대폭발 삼엽충	캄브리아기 말 멸종
488		오르도비스기	곤드와나와 로렌시아 대륙 필석류	오르도비스기 말 대멸종
440		실루리아기	경골 어류 출현 육상식물 출현	
416		데본기	어류의 시대 실러캔스	데본기 후기 대멸종
359		석탄기 — 미시시피기	양서류의 시대 파충류, 겉씨식물 출현	
299		석탄기 — 펜실베이니아기		
251		페름기	은행나무, 소철류 출현 삼엽충 멸종	페름기 말 대멸종

고생대 연대표(시간 단위: 100만 년 전)

이 지배적이었다. 캄브리아기에 가장 개체 수가 많았던 동물은 골격이 세 개의 엽으로 나누어진 해양 절지동물인 삼엽충이었다. 오르도비스기 지층으로는 필석 퇴적물인 흑색 셰일이나 삼엽충이나 완족류 및 두족류의 화석을 포함하고 있는 석회질암이 대부분이다. 이 시대의 무척추동물은 석회질로 된 각질부를 가지고 있었고, 척추동물의 시조인 원시 어류가 출현했으며 실루리아기 후기에 최초의 육상식물이 출현했다.

후기 고생대는 4억 1600만 년 전부터 2억 5100만 년 전까지 2억 6500만 년 동안 계속되었으며 지구에 커다란 변화가 일어났던 시기다. 이 시기에는 거대하고 따뜻한 얕은 바다에서 많은 동물과 식물이 번성했으며, 여러 가지 지각변동이 일어나 광범위한 광상이 만들어졌다. 오늘날 채굴되고 있는 대부분의 금속 광상은 주로 후기 고생대에 속하는 데본기에 형성된 것이다. 이 시기에 북부 대륙에서는 거대한 늪지대가 발달했는데 이들 늪지대는 주기적으로 바닷물의 침식을 받아 무성했던 식물들이 묻히게 되었다. 이렇게 퇴적된 식물들은 열과 압력을 받아 석유와 석탄이 되었다.

데본기에 동물들이 바다에서 육지로 올라와 육상 생활에 적응하게 되었다. 이러한 동물이 양서류인데, 이들은 석탄기와 페름기에 매우 다양하게 진화했으며 그 크기는 0.1m에서 3m에 달했다.

페름기에 육지의 사막화가 진행되자 양서류들은 파충류로 진화했다. 파충류들은 사막에 알을 낳고 물이 없어도 알을 부화시키고 새끼를 키울 수 있었다. 파충류들은 그 뒤 다양한 종으로 분화되었다.

후기 고생대에는 곤충도 나타나기 시작했다. 석탄기 탄층에서는 500종 이상의 곤충 화석이 발견되었는데 이 중에는 길이가 60cm 이상 되는 잠자리와 30cm에 달하는 날개 달린 바퀴벌레도 있다. 이렇게 하여 공중을 날아다니는 생명체가 처음으로 등장했다.

후기 고생대에는 어류도 매우 빠르게 진화했다. 이 시기에는 상어가 가장 흔했다. 현재는 멸종된 가장 큰 상어종인 디니크티스속은 길이가 6.8m 이상이었으며, 머리를 보호하는 거대한 뼈로 된 방호판이 목 주위에서 몸체 방호판과 연결되어 있었다. 지느러미가 두껍고 가시가 많은 어류인 사르코프테리기이는 공기 중에서 숨 쉬는 능력을 가져 건조기에 물이 없는 곳에서도 살아남을 수 있었다.

후기 고생대에는 육상식물이 풍부해졌다. 석탄기에는 고사리류가 나무 크기만큼 성장했으며, 페름기에는 침엽수가 처음으로 나타났다. 또한 후기 고생대에는 중요한 빙하기가 여러 번 나타났다. 남아메리카, 아프리카, 남극 대륙 그리고 오스트레일리아 등에서는 초기 빙성층이 관찰되는데, 이러한 기후변화로 따뜻한 물에서 사는 많은 생명체들이 멸종되었다. 그 뒤 두 번째, 세 번째 빙하기가 뒤따랐으며, 고생대 말에는 생명체 역사상 가장 큰 위기라고 여

겨지는 빙하기가 닥쳐왔다.

　빙하기가 끝난 뒤 기후는 다시 따뜻해져서 그 뒤 1억 년 동안은 빙하기가 다시 오지 않았다. 따라서 추운 수중 기후에 적응한 생명체들이 크게 쇠퇴했다. 페름기 말에는 육상에서도 양서류의 75% 정도와 80% 이상의 파충류가 멸종했다.

석탄기의 식물 상상도. © cc-by-sa-2.0; Lisa Jarvis

생명 대폭발이 일어난 캄브리아기

(5억 4200만 년 전~4억 8830만 년 전)

5억 4200만 년 전에 시작하여 4억 8830만 년 전에 끝난 캄브리아기는 복잡한 다세포생물의 화석이 많이 발견되기 시작하는 첫 번째 시기다. 캄브리아라는 이름은 이 시기의 암석을 처음 연구한 영국 웨일스의 옛 이름인 캄브리

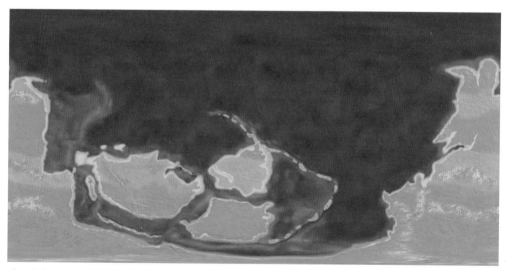

약 5억 년 전 캄브리아기의 육지 분포. © cc-by-sa-4.0; Colorado Plateau Geosystems, Inc.

아에서 유래했다. 캄브리아기가 시작된 시기는 삼엽충이 처음으로 나타난 시기이며, 캄브리아기 말에는 생명체의 대량 멸종 사건이 있었다.

캄브리아기에는 초대륙 판노시아로부터 분열된 대륙들이 있었다. 캄브리아기에는 대륙의 이동속도가 매우 빨랐던 것으로 보인다. 캄브리아기의 기후는 지금보다 따뜻해서 극지에도 빙하가 없었으며 얕은 바다가 넓게 펼쳐져 있었다.

캄브리아 생명 대폭발

캄브리아기 초에 많은 생명체들이 갑자기 나타난 생물 다양성의 폭발적인 증가를 캄브리아기 생명 대폭발이라고도 부른다. 캄브리아기 직전에 세계 곳곳에서 발견되는 에디아카라 동물군과 캄브리아기에 나타난 생명체들의 관계에 대해서는 아직 밝혀지지 않았다.

캄브리아 생명 대폭발은 캄브리아기가 시작되던 5억 4200만 년 전부터 시작하여 약 2000만 년 동안 다양한 생명체들이 폭발적으로 증가한 사건을 말한다. 캄브리아 생명 대폭발 이전에는 대부분의 생명체들이 단세포생물이거나 단세포동물들이 군집을 이룬 단순한 생명체들이었다. 캄브리아기 생명 대폭발 이후 7000만 년에서 8000만 년 동안에 오늘날 우리가 볼 수 있는 생물 문이 대부분 나타났다.

최초로 발견된 캄브리아기 화석은

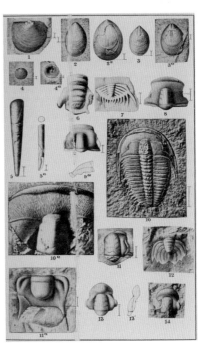

중국에서 발견된 캄브리아기 화석

삼엽충 화석.

1698년에 옥스퍼드 박물관 큐레이터 에드워드 루이드가 발견한 삼엽충 화석이었다. 근대 지질학의 선구자로 데본기와 캄브리아기를 처음 제안했던 영국의 지질학자 애덤 세즈윅[1785~1873]이나 실루리아기를 처음 제안했던 스코틀랜드의 지질학자 로더릭 임피 머치슨[1792~1871]과 같은 19세기 지질학자들은 이 화석들을 캄브리아기와 실루리아기의 지층을 결정하는 데 사용했다. 19세기 지질학자들은 캄브리아기 맨 아래 지층이 형성된 시기에 지구에 생명체가 처음 나타났다고 생각했다. 캄브리아기 지층에서 발견된 화석에 대해 잘 알고 있던 찰스 다윈은 《종의 기원》에서 뚜렷한 조상이 보이지 않는 가운데 갑자기 삼엽충이 나타난 것은 자신이 제안한 진화론으로 설명하기 힘든 가장 어려운 문제라고 했다. 그는 초기 지구의 바다에는 많은 바다 생명체들이 있었지만 불완전한 화석 기록 때문에 우리가 그것을 알 수 없을 뿐이라며 캄브리아기 생명 대폭발을 자연선택에 의한 진화론 안에서 설명하려고 시도했다.

20세기에는 캄브리아기 지층에서 더 많은 동물의 화석이 발견되었다. 1909년 캐나다 브리티시컬럼비아에 있는 로키 산맥의 요호 국립공원에서 캄브리아 중기에 형성된 점토가 퇴적되어 형성된 이암층인 버지스 셰일에서 많은 동물의 화석이 발견되었다. 버지스 셰일에서 발견된 화석을 버지스 셰일

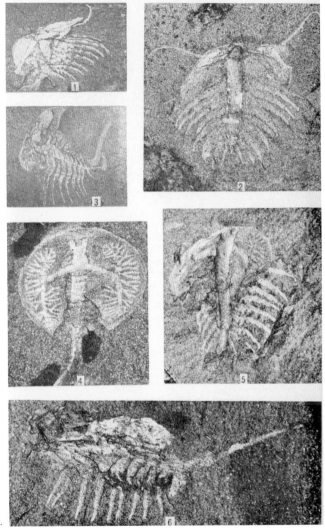

버지스 셰일 동물군 화석들.

동물군이라고 한다. 스미스소니언 박물관장이었던 찰스 두리틀 월컷[1850~1927]
은 1910년부터 1925년 사이에 버지스 셰일에서 8만 개에 이르는 캄브리아
기 동물의 화석을 발견했다.

1984년에는 그린란드와 중국에서도 대량의 캄브리아 화석이 발견되었다.

그린란드 지질조사소의 히긴스는 북부 그린란드의 코흐 피오르$^{Koch Fijord}$ 동쪽 해안에서 캄브리아 초기인 5억 1800만 년 전부터 5억 500만 년 전 사이에 살았던 동물들의 화석인 시리우스 파세트 동물군$^{Sirius Passet fauna}$ 화석을 발견하고 1만여 점의 화석 표본을 수집하여 분류했다. 이 동물군은 버지스 셰일 동물군에 비해 1000만 년에서 1500만 년 더 오래된 화석으로 밝혀졌다.

1984년에는 중국 윈난 성 부근에 있는 마오톈^{帽天山} 산의 이암층에서도 캄브리아기 동물 화석이 대량으로 발견되었다. 이 동물 화석을 청지앙^{澄江} 동물군이라고 부른다.

청지앙 동물군에 대한 연구가 본격적으로 이루어진 것은 2000년 이후이다. 청지앙 동물군은 버지스 셰일 동물군이나 시리우스 파세트 동물군보다 1000만 년 내지 2000만 년 더 오래된 고생대 초기의 동물군일 뿐만 아니라 화석의 종류와 양이 풍부하고 보존 상태가 양호해 학자들의 많은 관심을 끌고 있다. 청지앙 동물군은 가장 오래되고 다양한 다세포동물들을 포함하고 있어 원생누대 생명체에서 고생대 생명체로의 변천 과정을 이해하는 데 중요할 뿐아니라 초기 다세포동물과 모든 척추동물을 포함한 척색동물문의 진화를 연구하는 중요한 자료로도 이용되고 있다.

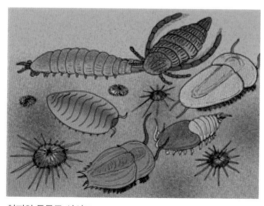

청지앙 동물군 상상도.

2006년까지 19문 180여 종의 청지앙 동물군이 분류되었다. 이 중 절반이 절지동물문에 속하는 종이었고 나머지는 다양한 동물 문으로 이루어져 있다.

캄브리아기 지층에서 발견된 동물들의 특징 중 하

나는 발달된 눈을 가지고 있다는 것이다. 버지스 셰일에서 발견된 동물 중 가장 흔한 절지동물의 하나인 왑티아 필덴시스^{Waptia Fieldensis}는 새우의 돌출된 눈과 놀라울 정도로 비슷한 눈을 가지고 있다. 따라서 캄브리아기에 고도로 진화된 눈을 가진 동물이 등장했다는 것을 알 수

왑티아 펠덴시스. © cc-by-sa-3.0; Obsidian Soul

있다. 왑티아는 약 8cm까지 자랐고, 형태나 습성이 새우와 비슷했다. 활발하게 물속을 돌아다니면서 바닥에 붙어 있는 유기물을 먹고 살았던 것으로 보인다.

캄브리아기 지층에서 발견되는 화석의 또 다른 특징은 이전 에디아카라 동물 화석에서는 보이지 않던 포식의 흔적이 보인다는 것이다. 대부분 딱딱한 외골격으로 무장하고 있는 삼엽충 화석은 찢기거나 물린 흔적을 가지고 있는 것들이 많다. 삼엽충 외에도 상처가 생긴 다른 동물들의 화석이 많이 발견되었는데 그 상처들은 모두 아노말로카리스가 만든 것으로 보인다. 20세기 말기에 발견된 전신 화석을 이용해 복원한 아노말로카리스는 입은 해파리, 몸통은 해삼을 닮았으며, 꼬리와 촉수는 새우와 비슷했다. 이들은 캄브리아기의 가장 크고 위협적인 포식자였던 것으로 보인다.

이처럼 캄브리아기 지층에서 이전에는 볼 수 없었던 다양한 동물의 화석이

발견되자 캄브리아기에
무슨 일이 있었는지에 고
생물학자들의 관심이 모
아지면서 많은 논란이 벌
어졌다.

캄브리아기 생명 대폭
발에 대한 논의에서는 주
로 세 가지 주제가 다루어

아노말로카리스.

진다. 첫 번째는 캄브리아기 초기 짧은 기간 동안에 다양한 동물이 갑자기 나
타난 캄브리아기 생명 대폭발이 실제로 있었는가 하는 것이다. 두 번째는 캄
브리아기 생명 대폭발이 실제로 있었다면 그런 갑작스러운 변화를 가능하게
한 원인은 무엇이었는가 하는 것이며, 세 번째는 그런 생명 대폭발이 동물의
기원에 대한 설명에 어떤 영향을 주는가 하는 것이다. 캄브리아기 암석에 포
함되어 있는 제한적인 화석 기록과 화학적 흔적만으로는 이런 문제의 답을 찾
는 것은 쉬운 일이 아니어서 아직도 결론을 내리지 못한 채 논쟁이 계속 되고 있다.

1948년에 미국의 지질학자 겸 고생물학자였던 프레스턴 클라우드[Preston
Ercelle Cloud, 1912~1991]는 캄브리아 초기에 분출적인 진화가 일어났다고 주장했
다. 클라우드는 캄브리아기 암석에서 발견되는 많은 동물 화석이 가지는 진화
적 중요성을 최초로 인식한 과학자였다. 그는 진화는 수백만 년 동안에 걸쳐
일어나며, 폭발과 같은 사건이 발생하지 않는 점진적인 과정이므로 생명 폭발
이라고 하기보다는 분출적 진화라고 해야 한다고 주장했다. 또한 환경에 잘
적응한 생명체는 다양화에 성공하여 분출적 진화를 이루어낼 수 있다고 설명했다.

과학자들이 캄브리아 생명 대폭발에 대해 큰 관심을 가지게 된 것은 버지스
셰일에서 발견된 화석을 1970년대에 다시 분석한 해리 휘팅튼[1916~2010]의 연

구 결과 때문이었다. 영국의 고생물학자로 미국에서 활동했던 휘팅튼은 현재 지구 상에 존재하는 동물 대부분이 캄브리아기의 짧은 기간 동안에 나타났다는 캄브리아기 생명 대폭발의 개념을 확립했다. 또한 삼엽충이 무척추동물 중에서 캄브리아기에 가장 번성했던 절지동물이라는 것을 밝혀내기도 했다.

과학자가 아닌 일반인들이 캄브리아기 생명 대폭발에 관심을 갖게 된 데에는 1989년에 스티븐 제이 굴드[1941~2002]가 출판한 《생명, 그 경이로움에 대하여》가 중요한 역할을 했다. 세세한 부분에서는 다른 면이 있지만 굴드는 휘팅튼과 마찬가지로 모든 현대 동물 문이 비교적 짧은 기간 동안 동시에 나타났다고 주장했다.

캄브리아기 생명 대폭발은 굴드와 닐스 엘드리지[1943~]가 1970년대에 제안한 단속 평형설의 강력한 증거가 되었다. 단속 평형설은 오랫동안 생명의 진화가 거의 없는 휴지기가 이어지다가 짧은 기간 동안 생명이 갑자기 다양하게 진화하지만 생존경쟁을 통해 환경에 적응한 개체만 살아남아 다시 오랫동안 휴지기를 가지게 된다는 이론이다.

그러나 버지스 셰일을 발견한 월콧은 화석이 남아 있지는 않지만 캄브리아 생명체들의 조상들이 살고 있던 리팔리안 시기가 있었

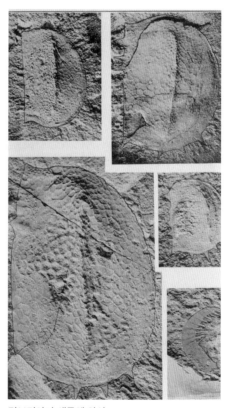

캄브리아기 생물체 화석.

다고 주장하면서 캄브리아기에 생명이 갑자기 나타난 것이 아니라 이전에 살던 생명체들의 화석이 남아 있지 않을 뿐이라고 주장했다. 하지만 화석으로 발견된 증거에 의하면, 캄브리아기 이전에는 발견되지 않던 형태의 생명체가 출현한 것이 확실하므로 이전에 다양한 연체동물이 살고 있던 리팔리안 시기가 있었다고 해도 이런 연체동물이 어떻게 갑자기 다양한 형태의 생명체로 진화했는지를 설명해야 하는 과제가 남게 된다.

따라서 캄브리아기에 다양한 생명체가 출현한 것을 설명하는 여러 가지 이론이 등장했다. 1998년 영국 국립자연사박물관[NHM]의 앤드루 파커[1967~]는 캄브리아기 생명체에서 처음으로 나타난 눈에 주목했다. 그는 캄브리아기 생명 대폭발로 단단한 골격을 가진 동물이 나타난 것은 동물들이 눈을 가지게 된 것과 관련이 있다고 주장했다. 캄브리아기 생명 대폭발이 일어나기 전에 살던 연체동물 중에 안점을 가진 동물이 나타났고, 안점이 점차 눈으로 진화했다. 눈을 가진 동물은 먹이의 위치나 상대의 약점을 정확히 알 수 있었고 포식자를 재빨리 피할 수도 있었으므로 생존경쟁에서 유리한 입장에 있었을 것이다. 눈을 가진 포식자가 나타나자 방어하는 데 필요한 단단한 외골격이나 가시 그리고 도주하는 데 필요한 발과 지느러미 등을 가진 동물들이 다양하게 출현하게 되었다는 것이다. 캄브리아기 생명 대폭발 초기에 나타난 삼엽충은 고도의 기능을 가진 눈이 있었던 것으로 보인다.

캄브리아기 이전에 다양한 생명체가 나타나지 않았던 이유를 빙하기에서 찾는

캄브리아기의 다양한 동물군 복원도.

학자들도 있다. 대략 8억 년 전부터 6억 년 전까지 지구 전체가 눈으로 뒤덮이는 빙하기가 있었다. 이러한 빙하기가 생명의 진화에 장애가 되었다가 빙하기가 끝나면서 생명의 진화가 폭발적으로 일어났다는 것이다. 이 밖에도 캄브리아기 생명 대폭발의 원인을 설명하는 이론이 많이 제안되었지만 아직 확실한 것은 알 수 없다. 진화론을 반대하는 사람들은 캄브리아기 지층에서 발견되는 다양한 생명체의 화석을 창조의 증거라고 주장한다.

생명체의 대량 멸종

캄브리아기 초기에 생명체의 종류가 폭발적으로 증가했던 것과는 반대로 지구 역사에는 짧은 기간 동안 생명체의 수가 급격히 줄어드는 생명체 대멸종의 시기가 여러 번 있었다. 생명체의 종류가 급격하게 줄어든 것은 새로운 종이 형성되는 것보다 종의 사멸이 더 빠르게 진행되기 때문이다. 지구 상에 존재하는 생명체의 가장 많은 부분을 차지하고 있는 것은 미생물이다. 그러나 미생물의 증가와 감소는 확인하기 어려우므로 지질학상의 멸종 사건은 화석을 통해 확인이 가능한 생명체의 종의 수 변화를 나타낸 것이다. 캄브리아기 이전에도 생명체의 대량 멸종이 있었을 것으로 보이지만 캄브리아기 이전 생물체의 화석이 많이 남아 있지 않아 확인하기 어렵다. 캄브리아기 이후 약 5억 4200만 년 동안 지구 상에는 다섯 번에서 스무 번까지의 생명체 대량 멸종 사건이 있었던 것으로 추정된다. 지구 역사상 있었던 대멸종 수는 어느 정도의 생명체 감소를 대멸종으로 보느냐에 따라 달라진다.

지구 역사상 있었던 여러 번의 대멸종 사건 중에 특히 많은 생명체의 수가 급격히 감소했던 다섯 번의 멸종 사건을 5대 멸종 사건이라고 부른다. 5대 멸종 사건 중에서 가장 먼저 일어났던 것은 고생대 오르도비스기에서 실루리아기로 넘어가는 시기인 4억 5000만 년 전에서 4억 4000만 년 전에 있었던 것

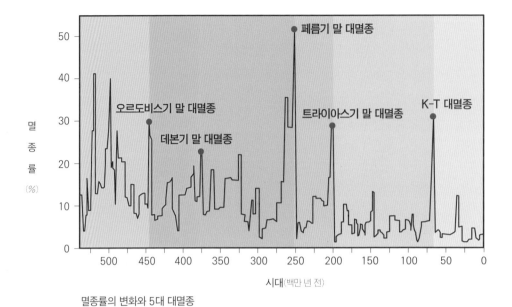

멸종률의 변화와 5대 대멸종

으로, 약 57%의 생물 속이 멸종했는데 이는 5대 멸종 중에서 두 번째로 큰
사건이었다.

두 번째로 있었던 생명 대멸종 사건은 데본기 말인 3억 7500만 년 전에서
3억 6000만 년 전 사이에 있었던 것으로, 50%의 속이 멸종되었다. 세 번째
대멸종 사건은 페름기에서 트라이아스기로 바뀌는 2억 5100만 년 전에 있었
는데, 지구 역사상 가장 거대한 멸종 사건으로 이 시기에 83%의 속이 멸종된
것으로 보인다.

네 번째 생명 대멸종은 트라이아스기에서 쥐라기 시대로 바뀌는 시기 2억
500만 년 전에 있었던 것으로, 48%의 속이 멸종했다. 가장 최근에 있었던 다
섯 번째 대멸종 사건은 백악기 말인 6550만 년 전에 있었으며 K-T 대멸종이
라고도 부르며 50%의 속이 멸종했다. 이 대멸종 사건으로 중생대 동안 지배
하던 공룡이 새만 남기고 모두 멸종했다.

이외에도 지구 역사에는 여러 번의 생명체 대량 멸종 사건이 있었다. 이러한 사건은 생명체 진화 속도를 빠르게 하기도 했다. 대량 멸종으로 지배적인 생명체가 사라진 공간에 새로운 생명체가 나타나 번성할 수 있었기 때문이다. 예를 들면 K-T 대멸종을 통해 지구를 지배하던 공룡이 사라지자 포유류가 빠르게 진화할 수 있었다. K-T 대멸종에서 포유류에게 지배자의 자리를 내준 공룡은 트라이아스기 말의 대멸종을 통해 지구의 지배자로 등장할 수 있었다.

지구 상에 있었던 생명체 대량 멸종 사건을 연구한 과학자들은 대량 멸종 사건이 2600만 년에서 3000만 년마다 주기적으로 일어나며, 종의 다양성이 6200만 년을 주기로 변동한다고 주장한다.

대멸종 사건의 주기성을 처음 주장한 사람은 미국 프린스턴 대학의 앨프리드 피셔였다. 그는 1977년에 지질시대에 나타났다가 멸종한 바다에 살았던 무척추동물의 목록을 만들고 이를 토대로 지구에 나타났던 해양 무척추 고생물들이 주기적으로 멸종했다고 주장했다. 하지만 그의 주기적 멸종 주장은 사람들의 관심을 끌지 못했다. 생명체 대량 멸종의 원인이 되는 지질학적 사건이 주기적으로 발생한다고 생각할 수 없었기 때문이다.

미국 시카고 대학교 데이비드 라우프[1933~2015]는 1984년 고생물들이 고생대 말부터 주기적으로 멸종했으며, 그 주기가 2600만 년이라고 주장했다. 또한 생명체 대량 멸종이 일어나는 것은 지구 자기의 반전 때문이라고 주장했다. 지질시대를 통하여 자극이 바뀌는 자기 반전이 여러 번 있었으며 그것이 생명체 멸종의 원인을 제공했다는 것이다. 그러나 지구 자기의 반전이 생명체 대량 멸종과 관련이 있다는 확실한 증거를 제시하지는 못했다.

외계 천체의 충돌이 대량 멸종의 원인이라고 주장하는 학자들은 태양계와 은하의 운동에서 대멸종의 주기성을 찾으려 하고 있다. 이들은 아직 발견하지 못한 행성에서 그 원인을 찾으려 하는가 하면 은하 안에서의 태양계 운동에 그 원인이 있을지도 모른다고 생각하고 있다. 태양계는 반지름이 5만 광년인 우리 은하계의 중심에서 약 3만 광년 떨어져 은하계의 중심을 반시계 방향으로 초속 220km로 공전하고 있다. 따라서 태양계의 공전주기는 약 2억 3000만 년이다. 태양계는 또한 약 6300만 년에서 6700만 년의 주기를 가지고 은하면의 아래위를 진동한다. 이런 태양계의 운동이 지구에 충돌하는 혜성이나 운석의 수를 주기적으로 증가시킨다는 것이다.

그러나 생명체의 대량 멸종이 주기적으로 일어난다는 이론에 반박하는 학자들도 있다. 캐나다 지구화학자인 데이비드 칼리슬은 생명체의 대량 멸종은 주기적인 것처럼 보이는 통계학적 현상에 지나지 않는다고 주장하고 있다. 지구 상에 있었던 생명체의 대량 멸종은 개별적 사건이어서 특정한 시기의 멸종은 그 전후의 멸종과는 아무 관계가 없다는 것이다.

생명체 대량 멸종 사건은 지구 환경이 단기간의 충격으로 크게 변화할 때 일어난다. 지구 환경 변화로 인한 생물체의 멸종률과 발생률은 생물 다양성과도 밀접한 관련이 있다. 생물 다양성이 높으면 멸종률이 높고, 다양성이 낮으면 발생률이 높아진다. 따라서 운석 충돌과 같은 작은 자극의 영향도 증폭되어 전 세계적인 사건이 될 수 있다.

지구 생명체 대량 멸종의 원인으로 가장 자주 거론되는 것 중 하나가 화산 폭발이다. 지구과학자들은 지구 상에 있었던 5대 멸종 사건이 모두 대규모 화산 폭발과 관련 있는 것으로 보고 있다. 화산 폭발로 인해 대기 중으로 방출된 먼지가 태양 빛을 차단하여 광합성을 방해하고 육지와 해양의 먹이사슬을 파괴할 수 있다. 또 화산에서 방출한 황의 산화물로 인해 산성비가 내려 먹이사슬의 파괴를 더욱 심화시킬 수 있다. 그런가 하면 대기 중에 방출된 이산화탄소로 지구 온난화가 야기되어 생명체가 대량 멸종할 수 있다는 것이다.

다음으로 자주 거론되는 것이 해수면의 변화다. 해수면의 하강은 바다에서 가장 생산적인 지역인 대륙붕을 감소시켜 대멸종의 원인이 될 수 있고, 기후 패턴을 변화시켜 육지에서의 멸종을 일으킬 수 있다. 해수면 하강은 거의 모든 대멸종과 어느 정도 관련이 있다.

거대한 운석이나 혜성의 충돌 역시 생명체 대량 멸종의 원인으로 지목되고 있다. 이러한 외계 천체의 충돌은 대규모 먼지를 발생시켜 광합성을 방해하고, 엄청난 쓰나미를 불러오거나 전 지구적인 화재를 일으킬 수 있다. 지구과학자들은 6500만 년 전에 있었던 K-T 대멸종에 운석의 충돌이 관계되어 있다는 데 이견이 없지만 그것이 유일한 원인이었는지에 대해서는 논란이 계속되고 있다.

이외에도 지구 냉각화와 지구 온난화, 바닷물에 포함된 산소량의 변화, 해양에서 방출되는 황화수소, 태양계 가까이에서 일어난 초신성 폭발이나 감마선 폭발, 판구조론에 따른 대륙의 이동, 질병, 생물 종들 사이의 지나친 생존 경쟁 등이 지구 생명체 대량 멸종의 원인으로 꼽히고 있다.

과학자들 중에는 캄브리아기 말에서 오르도비스기 초 사이에 생명의 대멸종이 있었다고 추정하는 사람들이 있다. 그러나 이 시기의 생명 대멸종에 대한 충분한 화석 자료가 남아 있지 않아 멸종의 규모나 원인은 확실히 알 수 없다. 발견된 화석의 정밀한 연대를 결정하는 것이 어렵기 때문이다.

운석 충돌 상상도.

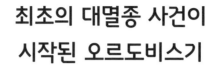

최초의 대멸종 사건이
시작된 오르도비스기

(4억 8800만 년 전~4억 4000만 년 전)

 판구조론에 따르면 오르도비스기에는 현재의 북아메리카, 그린란드를 포함하는 곤드와나 대륙과 스코틀랜드, 서부 아일랜드, 서부 노르웨이 일부로 구성된 북쪽의 로렌시아 대륙이 이아페토스 해로 불리는 고대서양을 사이에 두고 분리되어 있었다. 석회암을 비롯한 오르도비스기 탄산염 퇴적물은 적도에 인접한 로러시아 대륙에서 퇴적되었다. 현재의 스칸디나비아와 발트 해 지역은 대부분 곤드와나 대륙과 로러시아 대륙 중간에 놓여 있었다.

 캄브리아기 동안 가장 번성했던 삼엽충은 오르도비스기에는 다른 동물들과의 경쟁이 심해지면서 수가 급격히 감소했다. 반면 복족류, 절지동물, 완족동물, 극피동물, 산호류, 연체동물, 두족류 등의 수가 증가하고 다양해졌다. 때때로 크기가 거의 10m에 이를 정도로 커진 두족류도 나타나 육식 생활을 했다. 이런 동물들은 삼엽충과 함께 얕은 바다에서 번성했다. 지금은 멸종한 작은 군체 동물군인 필석류가 다양하게 분화되어 오르도비스기 동안 국지적으로 번성해 층서의 상호 대비에 이용되고 있다.

 오르도비스기 후기는 아프리카 북서부 특히 모로코를 중심으로 넓게 발달

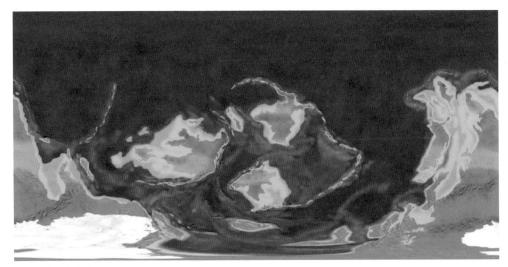

오르도비스기의 지구. © cc-by-sa-4.0: Colorado Plateau Geosystems, Inc.

한 극빙하가 나타났다. 오르도비스기에서 실루리아기로 넘어가는 중간 단계에서 있었던 동물군의 대멸종 사건의 원인으로 가장 일반적으로 받아들여지는 것은 빙하기로 인한 기온 하강이다. 그러나 일부 학자들은 천체 활동에서 그 원인을 찾기도 한다.

오르도비스기 말 생명 대멸종(4억 4000만 년 전)

오르도비스기에서 실루리아기로 넘어가는 4억 4500만 년 전에서 4억 4000만 년 전 사이에 대규모의 생명체 멸종이 있었다. 오르도비스기 말과 실루리아기 초의 화석 기록들은 오르도비스기 말 대멸종으로 지구 생명체의 3분의 2가 짧은 기간 동안에 멸종했음을 보여주고 있다.

오르도비스기 말 대멸종의 원인에 대해서는 여러 가지 이론이 제시되었다. 그중 오르도비스기 말에 있었던 빙하기로 인한 생태계의 변화 때문이라는 것이 가장 일반적으로 받아들여지는 이론이다. 오르도비스기 말의 빙하기는 대기 중의 이산화탄소 양이 줄어들면서 시작된 것으로 보인다. 대기 중 이산화탄소의 양이 줄어든 것은 화산활동으로 방출된 규산염 암석이 공기 중에 포함되었던 이산화탄소와 결합한 후 지상에 축적되었기 때문으로 보인다.

남쪽의 초대륙이었던 곤드와나 대륙이 남극으로 이동하면서 대륙 전체가 얼음으로 뒤덮였다. 이로 인해 바다가 막혀 일부 바다는 해수면이 급격히 낮아지고 다른 부분에서는 해수면이 높아졌다. 그러나 온도가 올라 바다가 녹으면 다시 해수면의 수위가 정상으로 돌아왔다. 이런 일이 반복되면서 얕은 바다에 살던 많은 생명체가 멸종된 것으로 보인다.

그러나 미국의 물리학자로 외계의 감마선 폭발을 연구해온 에이드리언 멜롯[1947~] 을 비롯한 일부 과학자들은 2004년 오르도비스기 대멸종의 원인이 지구가 아닌 우주에 있다는 이론을 제안했다. 이들은 오르도비스기 말의 대멸종은 지구 대기 오존층이 파괴되어 태양 자외선이 지상에 도달해 생명체를 파괴한 것이라고 주장했다. 지구로부터 1만 광년 정도 떨어져 있는 초신성 폭발로 발생한 강력한 감마선의 영향으로 지구 대기의 오존층이 파괴되어 자외선이 생명체에 직접 영향을 미쳤다는 것이다.

그들은 초신성에서 갑자기 분출된 감마선이 지구 성층권의 기체 분자를 분해하여 이산화질소와 다른 화학물질을 생성하였고, 이런 물질들이 오존층을 파괴했다고 주장했다. 이로 인해 지구 표면에 도달한 자외선이 평소의 50배로 높이저 생명체를 죽일 수 있는 수준에 이르렀다는 것이다. 또한 45억 년의 지구 역사상 수차례 우주로부터 감마선의 공격을 받았다고 주장하면서 이러한 감마선 공격은 지금도 언제든 일어날 수 있다고 했다. 우주로부터의 감마선 공격은 내일 일어날 수도 있고, 수백만 년 뒤에 일어날 수도 있다는 것이다.

최초로 육지에 식물이 나타난 실루리아기

(4억 4370만 년 전~4억 1600만 년 전)

실루리아기는 4억 4370만 년 전에서 4억 1600만 년 전 사이의 시기로, 지구 역사에서 중요한 사건인 최초의 육상식물과 움직일 수 있는 턱을 가진 어류가 출현한 시기다. 실루리아기의 대륙은 현재와는 다르게 분포되어 있었다. 북극권 캐나다, 스칸디나비아, 오스트레일리아는 열대 지역에 있었고, 남아메리카와 남아프리카는 남극 근처에 있었을 것으로 추정된다. 실루리아기에 빙하기가 있었다는 증거가 없고 따뜻한 물에서 사는 동물과 식물이 넓게 분포했던 것으로 미루

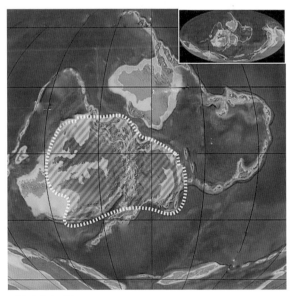

실루리아기 지구. © cc-by-3.0; SilurianGlobal.jpg

어 오늘날보다 열대 지역이 넓었을 것이다. 실루리아기에는 화산활동이 비교적 적었으나 지각변동은 계속되었다.

실루리아기의 지층에서는 육상식물인 이끼류의 화석이 발견되었다. 육상에 살면서 영양분을 날라다 주는 관을 가지고 있던 관다발 식물은 실루리아기 중엽에 처음 나타났다. 북반구에서는 쿡소니아라는 관다발 식물 화석이 발견되었고, 오스트레일리아에서는 바라그와나티아의 관다발 식물 화석이 발견되었다. 쿡소니아는 주로 강이나 냇가를 따라 살았던 것으로 보인다. 바라그와나티아는 길이가 10~20cm 정도인 바늘 모양의 잎과 가지가 난 줄기를 가지고 있었다. 이들은 포자에 의해 번식했으며 표면에 기공이 있었고 햇빛을 받는 모든 부분에서 광합성을 했던 것으로 보인다. 그러나 실루리아기의 육상식물은 지구 생태계에 큰 영향을 주지 못했다. 육상식물이 중요한 역할을 하는 것은 데본기가 되어서였다.

쿡소니아

최초의 뼈를 가진 어류(경골어류)인 오스테이크티스osteichthyes도 실루리아기에 나타났다. 이 시기에 어류는 매우 다양해져서 움직일 수 있는 턱을 가진 어류도 여러 종 등장했다.

오하이오 오스크 채석장에서 발견된 실루리아기 희귀화석

어류의 시대 데본기

(4억 1600만 년 전~3억 5920만 년 전)

데본기는 4억 1600만 년 전부터 3억 5920만 년 전까지의 시기로, 해양 무척추동물 중 산호와 층공충이 초(礁)를 형성할 정도로 번성했다. 이 시기에는 완족류와 부족류 그리고 복족류도 다양하게 발달했으며 두족류의 일종인 암몬조개의 선조가 출현하기 시작했다. 삼엽충은 계속 쇠퇴했고, 해백합류와 코노돈트의 화석도 발견되었다. 가장 주목할 만한 데본기의 생물은 어류로, 크게 번성하여 데본기를 어류의 시대라고 부르기도 한다. 데본기의 어류로는 폐어, 갑주어, 상어가 있다. 데본기 말엽에는 공기 중에서도 살 수 있는 어류의 일종인 폐어에서 원시적인 양서류가 진화했다. 식물계에서는 유관속식물이 상당히 발전했다. 초기에는 작은 숲만 있었지만, 중기에는 커다란 삼림이 형성되기 시작했다. 초기의 식물은 주로 양치식물이었는데, 캐나다에서는 이로부터 형성된 석탄층이 발견되기도 했다.

살아 있는 화석이라고 부르는 실러캔스도 이 시기에 나타났다. 실러캔스는 약 3억 7500만 년 전에 나타나 약 7500만 년 전에 멸종한 것으로 추정되는 가장 오래전에 나타난 턱이 있는 물고기이다. 그런데 1938년 남아프리

살아 있는 화석이라고 부른 실러캔스.

카공화국 근해에서 실러캔스가 아직도 살아 있다는 것이 확인되었다. 1952
년에는 아프리카 동해안에 있는 코모로 제도에서 약 200마리가 포획되었고,
2006년에는 인도네시아 연안에서 일본 조사단이 수중촬영으로 살아 있는 개
체를 발견했다. 실러캔스는 새끼가 어미 몸속에서 자라는 태생이다. 고생물학
자들은 실러캔스가 심해에 적응하기 전에는 다리처럼 생긴 앞지느러미와 폐
처럼 사용할 수 있는 부레로 강이나 호수에서 육상에 올라오기도 했지만 육
상 생활에 적응하지 못하고 다시 바다로 돌아갔을 것으로 추정하고 있다.

 3억 6000만 년 전에서 3억 7500만 년 전 사이인 데본기 말에 여러 차례
의 크고 작은 멸종 사건이 있었다. 이를 통해 석탄기로 넘어갈 때까지 전체 생
물 종의 70%가 사라졌다. 이 같은 대멸종은 2000만 년 동안이나 계속 진행
되었다. 적도에서부터 고위도 지역까지 분포했던 생명체들에 대한 조사를 통
해 해양 생물들이 온도 상승보다는 온도 하강에 더 잘 견딜 수 있다는 것을 알
게 되었다. 따라서 데본기 대멸종의 원인일 것이라고 생각되어온 온도 하강보
다는 온도 상승이 데본기 대멸종의 원인일 수 있다는 의견이 제시되었다. 산소
동위원소를 이용한 조사는 데본기 후기에 따뜻한 바다가 있었다는 것을 보여주
고 있다. 그러나 아직 이런 가설을 증명하기에는 좀 더 확실한 증거가 필요하다.

양서류의 시대 석탄기

(3억 5920만 년 전~2억 9900만 년 전)

   석탄기는 3억 5920만 년 전에 시작하여 2억 9900만 년 전에 끝나는 시기이다. 영국과 서유럽의 이 시대 지층에서 많은 양의 석탄이 채광되기 때문에 붙여진 이름이며 전기 석탄기와 후기 석탄기로 구분된다. 전기 석탄기는 약 3억 4500만 년 전에서 3억 1500만 년 전까지의 시대다. 미국에서는 전기 석

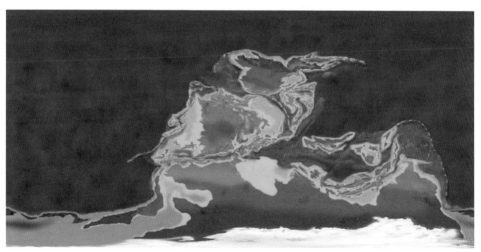

석탄기의 지구. © cc-by-sa-4.0: Colorado Plateau Geosystems, Inc.

탄기를 미시시피계라 하고, 후기 석탄기를 펜실베이니아기라고 한다.

이 시기까지 남반구의 대륙들은 아직 합쳐져서 초대륙 곤드와나를 이루고 있었다. 북아메리카와 유럽이 합쳐져 있던 로라시아 대륙이 곤드와나 대륙에 합쳐져 있었는데, 충돌 부분은 지금 북아메리카의 동부였다. 이 시기에 동유라시아판이 유럽판과 충돌하면서 우랄 산맥을 형성했다. 중생대 초대륙 판게아의 대부분은 이때 합쳐졌으나 현재의 동아시아 부분은 아직 떨어져 있었다. 북아메리카의 석탄기 초기는 대부분 해양에서 퇴적된 석회암이 발견된다. 이 때문에 북미의 석탄기는 미시시피기와 펜실베이니아기 둘로 나눈다. 석탄기의 석탄층은 산업혁명 기간 동안 연료로 사용되었으며, 아직도 경제적으로 중요하다.

전기 석탄기는 다른 어떤 시대보다 식물이 빈성한 시대였다. 양치식물이 우세했으며, 겉씨식물이 최초로 출현했다. 바다에서는 조류가 번성하여 초를 형성하기도 했다. 무척추동물에는 큰 변화가 일어나지 않았으나 삼엽충과 완족류는 쇠퇴했고, 극피동물의 일종인 해백합류

오하이오 주에서 발견된 후기 석탄기 화석.

오하이오 주에서 발견된 미시시피기의 이매패류 화석.

인디애나 주에서 발견된 석탄기의 아메리카누 화석. © cc-by-sa-3.0; Vassil

와 유공충이 번성했다. 암모나이트류 가운데 고니아티테류가 최초로 출현했다. 육상식물이 번성함에 따라 육상동물과 곤충이 나타나기 시작했다. 육상동물 중에는 양서류가 번성하여 전기 석탄기를 양서류의 시대라고도 한다.

전기 석탄기 초기에는 바다가 광범위한 지역을 덮었지만, 시간이 지남에 따라 해수면이 점차 낮아지며 바다가 물러가고 육지가 넓어졌다. 바다가 물러가는 해퇴는 남반구 대륙에서 현저했던 것으로 추정된다. 육상식물의 발달로 보아 전기 석탄기의 기후는 상당히 습윤하고 온난했던 것으로 추정된다. 또한 식물화석에는 나이테가 없는데, 이는 계절적인 기온 변화가 뚜렷하지 않았음을 보여준다.

후기 석탄기는 약 3억 1500만 년 전부터 2억 8000만 년 전 사이의 시기다. 후기 석탄기의 주요 화석으로는 유공충의 일종인 방추충이 있는데, 이들은 넓은 해역에 걸쳐 서식했다. 암모나이트류의 일종인 고니아티테류도 빠른 속도로 발달했으며, 사사산호와 해백합류도 발전했다. 어류로는 주로 상어류가 우세했다. 육상에서는 곤충과 양서류가 우세했는데 대표적인 양서류로는 미치류가 있다. 이 시대에 파충류가 최초로 출현했다. 양치류는 전기 석탄기에 이어 계속 번성했으며, 후에 석탄의 주원료가 되었다. 겉씨식물은 나타났지만 속씨식물은 아직 나타나지 않았다.

후기 석탄기의 대륙 분포는 오늘날과는 매우 다른 특징을 보여준다. 당시의 육지는 두 개의 큰 대륙으로 나뉘어 있었는데, 남반구에는 오늘날의 남아메리카 · 아프리카 · 남극 · 오스트레일리아로 구성된 곤드와나 대륙이, 북반구에는 북아메리카 · 그린란드 · 서유럽으로 구성된 로라시아 대륙이 있었고, 이들 사이에는 테티스 해라는 큰 대양이 있었다. 후기 석탄기의 기후는 지역에 따라 크게 달랐던 것으로 보인다. 남극 지방과 북극 지방은 비교적 한랭했지만 적도 부근은 따뜻한 열대 또는 아열대 기후였다.

최대의 멸종 사건이 일어난
페름기
(2억 9900만 년 전~2억 5100만 년 전)

페름기는 고생대 최후의 시대로, 약 2억 9900만 년 전에 시작되어 2억 5100만 년 전에 끝난 시기다. 페름기 초기의 생물계는 전기 석탄기의 것과 매우 유사했지만 말기에는 많은 해양 무척추동물이 멸종했다. 페름기 말까지 삼엽충은 완전히 멸종해 지구 상에서 자취를 감추었으며, 완족류, 사사산호,

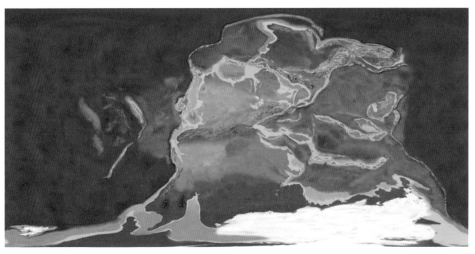

페름기 지구. © cc-by-sa-4.0; Colorado Plateau Geosystems, Inc.

방추충, 해백합 같은 수많은 해양 무척추동물의 여러 종류가 멸종했다. 반면 석탄기에 출현한 파충류는 다양한 종류로 발전했다. 식물계에도 상당한 변화가 일어났는데, 양치식물은 석탄기에 비해 많이 쇠퇴했으며 페름기 중엽에는 은행류와 소철류가 출현했다.

페름기에는 남반구에 여전히 곤드와나 대륙이 존재했고, 북반구에는 앙카라 대륙과 에이레 대륙이 존재했다. 북아메리카에서는 애팔래치아 조산운동이 일어났으며, 석탄기에 시작된 바리스칸 조산운동은 페름기에 끝났다. 페름기에는 대서양이 열리기 시작했다. 페름기 초기에는 빙하작용이 우세한 한랭한 기후였으나 후기에는 건조한 기후로 바뀌었다.

페름기 말 대멸종(2억 5100만 년 전)

페름기 말에 있었던 생명의 대멸종 사건은 해양 생물 종의 약 96%와 육상 척추동물의 70% 이상이 멸종한 지구 역사상 최대의 사건이었다. 학자들에 따라서는 페름기 말 대멸종으로 지구 생물 종의 98%가 멸종했다고 주장하기도 한다. 페름기 말 대멸종이 정점에 이른 시기는 2억 5228만 년 전이었고 지속 기간은 20만 년 미만이며, 대부분의 동식물이 멸종하기까지는 약 2만 년 정도가 걸렸다는 연구 결과가 발표되기도 했다.

대멸종이 일어났을 당시의 지층은 산소가 없어 유기물이 분해되지 않고 쌓여 만들어진 검은색 지층이다.

석탄기와 페름기에는 대기 중에 산소가 많아 거대한 절지동물이 많이 나타날 수 있었다. 석탄기와 페름기에 산화된 철을 많이 함유하여 붉은색 지층이 형성된 것은 산소를 많이 포함하고 있던 대기 상태를 잘 나타낸다. 그러나 페름기 말에 갑자기 산소가 없는 환경에서 만들어지는 검은색 지층이 나타났다. 이것은 어떤 원인으로 대기 중 산소의 양이 갑자기 줄어들었음을 보여준다.

페름기의 파충류 화석.

일부 학자들은 이러한 지층이 만들어진 원인은 대량으로 번식한 바다 미생물이 바다의 산소를 모두 소비해버려 산소가 없어진 바다에서 퇴적된 때문이라고 주장하기도 했다.

페름기 말에 있었던 생명 대멸종에 관심을 가지게 된 과학자들은 페름기 말의 지구 상태에 대한 많은 연구를 진행했다. 일부 학자들의 연구에 따르면, 페름기 말에는 대기 중에 포함된 이산화탄소의 양이 전체 대기의 3~10%나 되었다. 이는 현재의 0.039%에 비해 매우 높은 수치다. 이처럼 많이 포함된 이산화탄소의 온실효과로 지구의 평균온도는 6℃ 정도 상승해 육지의 강과 호수는 대부분 말라버렸을 것으로 보인다.

페름기 말의 대멸종을 가져온 환경 변화가 있었던 것은 화석을 통해 확인할 수 있지만 그 원인에 대해서는 여러 가지 이론이 대립하고 있어 아직 확실한 것은 알 수 없다. 페름기 말 대멸종을 설명하는 여러 이론 중에서 가장 널리 받아들여지는 것은 대규모 화산 분출이 일어나 메탄 기체가 대규모로 대기 중에 분출되면서 온실효과가 증가해 대기의 온도가 갑자기 높아졌다는 것이다.

지구 내부에 있는 맨틀이 대류하다가 아주 많은 열이 지각을 뚫고 올라오는 일이 있는데, 이때는 거대한 화산 분출이 일어난다. 이러한 화산 분출이 바닷속에서 일어나 심해 바다를 끓게 하였고, 이로 인해 해저에 쌓여 있던 메탄이 기화하여 공기 중으로 방출되었다는 것이다. 메탄 기체의 온실효과는 이산화탄소보다 50배 정도 크다. 따라서 대기 중 메탄 기체의 증가로 육지의 강과 호수가 말라버릴 정도로 온도가 올라갔을 것으로 추정된다. 이 시기의 화석 중에는 물 부족을 보여주는 화석이 많이 포함되어 있다.

그러나 이 이론은 대기 중에 방출되었던 메탄 기체가 짧은 기간 동안 사라져버린 것을 설명하는 데 어려움을 겪고 있다. 페름기의 멸종은 오랜 기간 동안에 걸쳐 일어난 것이 아니라 짧은 기간 동안 멸종이 일어난 다음, 빠르게 다시 원래 상태로 돌아간 것으로 보이기 때문이다. 그러나 화살 분출설을 지지하는 학자들은 메탄 기체가 산소에 의해 빠르게 산화되므로 짧은 기간 동안 공기 중에서 제거되는 일이 가능하다고 주장하고 있다.

페름기 대멸종을 설명하는 또 다른 이론은 운석 충돌설이다. 2006년에 발표된 자료에 의하면, 남극 대륙에서 발견된 지름 480km의 윌크스랜드 크레이터가 이 시기에 만들어졌다. 대멸종 시기마다 등장하는 운석 충돌설은 지구상에 일어났던 급격한 변화를 설명하는 데 가장 적합한 이론이다. 이 이론은 메탄 분출을 포함한 여러 가지 현상을 설명할 수 있다. 그러나 운석 충돌 시기가 페름기 멸종 시기와 일치하지 않는다고 주장하는 학자들도 있다. 대규모 운석 충돌 때 형성된 지층에서 이리듐이 발견되는 것과 달리 이 시기에 형성된 지층에서는 발견되지 않는 것도 운석 충돌설에 의문을 품게 한다.

또 다른 이론은 유독 기체가 대멸종의 원인이라는 것이다. 이 시기 지층에선 산소가 없고 빛이 있는 환경에서 황화수소 기체를 산화시켜 황으로 전환시킬 때 나오는 에너지를 이용하여 살아가는 녹색 유황균의 화석이 대량으로 발견되었다. 이는 당시 바다에 많은 양의 황화수소가 포함되어 있었음을 나타낸다. 따라서 유독 기체설을 주장하는 학자들은 산소가 부족해지자 혐기성 세균이 엄청나게 증식하여 많은 양의 황화수소를 만들어냈다는 것이다. 독성이 강한 황화수소가 바다에 많이 포함되면서 식물이 사라지고, 식물을 먹고 사는 동물도 사라지게 되었다는 것이다. 그뿐만 아니라 황화수소가 오존층을 파괴하여 자외선이 지표면까지 도달하여 생명체 멸종을 가속시켰다는 것이다.

초대륙 판게아의 형성으로 내륙에 거대한 사막이 형성되어 해안이 줄어들고 내해가 말라붙어 해양 생명체가 서식하던 대륙붕이 급격히 감소한 것이 대멸종의 원인이라는 주장도 있다. 그런가 하면 하나의 원인 때문이 아니라 여러 가지 원인이 복합적으로 작용하여 대멸종이 일어났다는 주장도 있다.

페름기 말에 있었던 생명 대멸종의 원인에 대해서는 아직 규명해야 할 부분이 많이 남아 있지만 이 시기에 어떤 생명체가 사라졌는지는 화석 기록을 통해 알 수 있다. 페름기 대멸종으로 캄브리아기 이후 점차 세력이 약해지던 삼엽충은 완전히 사라졌다. 삼엽충이 사라진 것은 삼엽충으로 대표되던 고생대가 끝나고 중생대가 시작되었음을 보여준다.

페름기 말 대멸종 시기에는 바다전갈을 비롯한 대부분의 해양 생물 종이 사라지거나 쇠퇴했다. 특히 초대형 플랑크톤인 방추충과 완족동물이 큰 타격을 입었고, 불가사리도 대부분 사라졌다.

육지에서도 식물, 양서류, 파충류를 비롯한 대부분의 종이 사라졌고, 많은 종의 곤충도 멸종되었다. 여러 번의 대멸종 사건들에서 곤충들이 대량 멸종한 것은 페름기 대멸종이 유일하다. 페름기까지 땅 위를 지배하던 포유류의 조상인 시냅시드를 비롯한 단궁류들도 대부분 사라졌다.

제5부

중생대의 지구

공룡이 지배하던 중생대

(2억 5100만 년 전~6500만 년 전)

2억 4500만 년 전부터 6500만 년 전까지 1억 8000만 년 동안 이어진 중생대는 트라이아스기, 쥐라기, 백악기로 나눈다. 중생대는 대형 파충류인 공룡들이 지구를 지배한 까닭에 공룡의 시대라고도 불린다. 또한 새와 포유류가 번성하기 시작했으며 꽃 피는 식물이 처음 출현했다. 시조새도 중생대에 등장했다. 비둘기 크기 정도의 시조새는 깃털이 있었고, 부리에는 이빨이 있었으며, 꼬리뼈가 있고 날개에는 발가락이 붙어 있었다.

중생대가 시작되었을 때는 모든 육지가 하나의 초대륙 판게아를 형성하고 있었다. 중생대에 판게아가 분리되기 시작했고, 쥐라기 초·중기인 1억 7500만 년 전쯤 로라시아와 곤드와나로 분리되고 두 대륙 사이에 바다가 들어서게 되었다. 로라시아는 다시 북아메리카와 유라시아로 나뉘었고, 곤드와나는 남아메리카·아프리카·오세아니아·남극·인도 아대륙으로 분리되었다.

중생대에는 기후 역시 다양한 변화를 겪었다. 그러나 고생대와 신생대에 주기적으로 나타났던 빙하기가 중생대에는 발생하지 않아 기후는 대체로 온화했다. 초대륙 판게아가 분열된 뒤로 해안선이 길어지면서 대륙엔 고온다습한

251			트라이아스기	• 지배파충류 번성 • 코노돈트는 더 작아지고 더 포유류와 비슷해짐. • 공룡, 포유류, 익룡, 악어가 나타남. • 거대한 수서 양서류를 볼 수 있음. • 어룡과 수장룡이 바다에 번성. • 암모나이트 번성. • 현생 산호류와 조개류가 나타남.
199.6	누	중생대	쥐라기	• 겉씨식물과 양치식물이 번성. • 다양한 공룡이 번성. • 몸집이 작은 포유류가 늘어남. • 새와 도마뱀이 출현. • 파충류가 다양해짐. • 이매패류, 암모나이트, 벨렘나이트도 풍부. • 성게, 바다나리, 불가사리, 해면, 완족동물들이 매우 번성함. • 판게아 대륙이 곤드와나와 로라시아로 분리됨.
145.5			백악기	• 속씨식물과 새로운 곤충 출현. • 진화된 조개, 어류 등장. • 암모나이트 루디스트 이매패류, 성게, 해면이 번성. • 새로운 공룡이 진화. • 바다에서는 해룡과 현대의 악어와 상어가 출현. • 원시적 조류가 익룡을 대신하기 시작. • 익룡은 꼬리가 없어지고 거대화됨. • 단공목, 유대목, 진수아강에 해당하는 포유류가 나타남. • 곤드와나 대륙이 분리됨. • 백악기 말 대멸종으로 공룡 멸종
65.5				

중생대 연대표(1백 만 년)

지역이 늘어났다. 이로 인해 육상식물이 널리 퍼질 수 있었다. 중생대에는 속씨식물이 출현했다.

암모나이트가 번성했던
트라이아스기
(2억 5100만 년 전 ~1억 9960만 년 전)

트라이아스기는 약 2억 5100만 년 전부터 1억 9960만 년 전까지의 시기다. 트라이아스기의 생물계는 고생대와는 상당히 다른 특징을 보여준다. 특히 고생대 동안 다양하고 풍부했던 해양 무척추동물의 상당수가 페름기 말에 멸종했기 때문에 트라이아스기의 해성층에서는 화석이 많이 발견되지 않는다. 암모나이트류가 번성했고 부족류와 완족류도 비교적 풍부했으나 유공충, 선태류, 극피동물은 매우 적었다. 육상의 척추동물은 해양 무척추동물과 달리 페름기 말기의 혹독한 환경을 잘 견뎌냈다. 양서류의 일종인 미치류는 계속해서 번성했다. 파충류 대부분이 이 시대에 출현했으며, 일부는 번성했다. 트라이아스기 말엽에는 원시 포유류도 출현했다. 식물계에는 겉씨식물이 많아졌으며

암모나이트 화석.

트라이아스기 지구. © cc-by-3.0; http://creativecommons.org/licenses/by/3.0)], via Wikimedia Commons

큰 숲도 있었다.

트라이아스기에는 지구의 모든 대륙이 판게아라는 하나의 대륙으로 연결되어 북극에서 남극에 이르는 초대륙을 형성하고 있었다. 초대륙의 중심부는 적도 부근에 위치해 있었다. 판게아는 모든 땅이라는 뜻이다. 동쪽에서부터 적도를 따라 판게아의 내륙 깊숙이 테티스 해가 파고 들어가 있었다. 판게아 초대륙은 판탈라사라고 부르는 거대한 바다로 둘러싸여 있었다. 판탈라사는 모든 바다라는 뜻이다. 따라서 트라이아스기의 지구는 판게아라는 하나의 대륙을 판탈라사라는 하나의 대양이 둘러싸고 있었다.

트라이아스기 동안에도 조산운동은 계속되었다. 우랄 지향사, 태즈먼 지향사, 북아메리카 동부와 남부의 지향사는 마지막 조산운동기를 거쳐 조산대를 이루었다. 지향사는 테티스 해와 환태평양 지역에만 존재했으며, 대륙붕은 북극 주변에 접해 있었다. 모든 지질시대를 통해 대륙이 가장 많이 드러났던 트라이아스기의 기후는 매우 따뜻했던 것으로 추정된다. 대륙 내에 퇴적된 적색층과 증발잔류암이 있고, 빙하의 흔적이 전혀 없다는 사실은 당시의 기후가 온화했음을 보여주고 있다.

공룡의 전성기였던 쥐라기

(1억 9960만 년 전~1억 4550만 년 전)

1억 9960만 년 전부터 1억 4550만 년 전까지 이어진 쥐라기에는 초대륙 판게아가 북쪽의 로라시아와 남쪽의 곤드와나로 분리되었다. 북대서양이 매우 좁았고, 남대서양은 백악기에 곤드와나가 분리될 때까지 열리지 않았다. 그리고 테티스 해가 사라진 대신 새로운 테티스 해양분지가 나타났다. 쥐라기에는 조산운동이 북아메리카 서해안에서 격렬하게 일어났는데, 이를 네바다

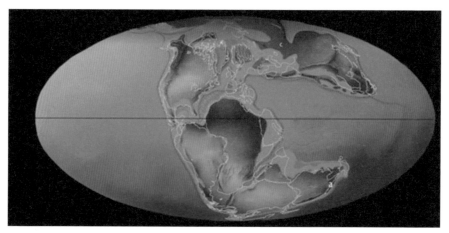

쥐라기의 지구. © cc-by-sa-3.0: Buildingme11

조산운동이라고 한다. 초기에 다소 한랭했던 쥐라기의 기후는 후기로 가면서 온난해졌으며, 일부 지역에는 건조기후가 우세했던 것으로 추정된다. 쥐라기에는 빙하기가 있었다는 증거가 발견되지 않으며 극지방에도 두꺼운 얼음층이 존재하지 않았다.

해양 무척추동물로는 두족류의 일종인 암모나이트류가 번성했으며 육상에서는 파충류가 크게 번성했다. 육상에 번성했던 공룡에 이어, 바다에 살던 어룡 그리고 하늘을 날아다니는 익룡류가 출현했다. 이 시기에 시조새도 나타났다. 포유류도 발달했으며 유대류가 우세했고 곤충류도 매우 번성했다. 식물계는 트라이아스기와 마찬가지로 겉씨식물이 번성했는데, 송백류, 소철류, 은행류가 풍부했다.

지구를 지배했던 공룡

공룡은 2억 3100만 년 전인 트라이아스기에 처음 지구 상에 나타나 약 2억 100만 년 전인 쥐라기 초에서 6550만 년 전인 백악기 말까지 약 1억 3500만 년 동안 지구를 지배한 척추동물이었다. 1842년 영국의 고생물학자 리처드 오언[1804~1892]은 파충류에 속하는 이 특별한 부류에 처음으로 공룡이라는 이름을 붙였다. 공룡을 뜻하는 'dinosaurs'는 무섭다와 도마뱀이라는 뜻의 그리스어를 합쳐 만든 영어 단어다. 그러나 도마뱀은 공룡의 일종이 아니다. 오언은 크기와 이빨, 발톱 등의 생김새를 기준으로 공룡을 분류했다. 하늘을 날아다니던 익룡, 물속에 살던 어룡, 물속에 살지만 허파로 숨을 쉬었던 수장룡을 공룡의 일종으로 알고 있는 사람들이 많지만 이들은 공룡과는 다른 종류로 분류된다. 중생대에 살던 모든 파충류를 공룡으로 생각하는 경우도 있는데 이 역시 잘못 알고 있는 것이다.

공룡은 30cm의 작은 크기부터 40m가 넘는 거대한 공룡에 이르기까지 다

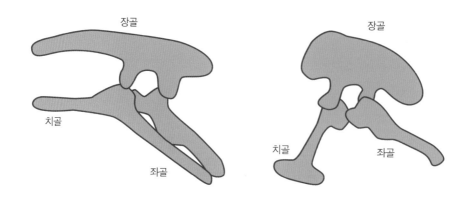

조반목(좌)과 용반목(우)의 골반 모양.

양한 크기와 식생을 가졌다. 2006년까지 밝혀진 바로는 공룡에는 500여 속이 있다. 이 중에 골격 화석이 발견된 것은 약 75% 정도다. 2008년까지 밝혀진 공룡의 종류는 1047종이다.

공룡은 골반 모양을 기준으로 도마뱀과 같은 골반을 가진 용반목와 새와 같은 골반을 가진 조반목으로 나눈다. 용반목의 골반은 장골, 치골, 좌골이 각기 다른 방향을 향하고 있다. 반면에 조반목의 골반은 치골이 좌골과 평행하게 한 방향을 향하고 있다. 이 형태가 새와 비슷한 까닭에 조반목이라는 이름이 붙여졌지만 새는 조반목이 아닌 용반목에서 진화했다.

		용각아목	용각류	브라키오사우루스
공룡상목	**용반목**	수각아목	수각류	티라노사우루스, 새
	조반목	각각아목	조각류	이구아노돈
			각각류	트리케라톱스
			후두류	파키케팔로사우루스
		장순아목	검룡류	스테고사우루스
			곡룡류	안킬로사우루스

용반목은 다시 용각아목과 수각아목으로 나누어진다. 용각아목에 속하는 공룡들은 공룡 중에서 몸집이 가장 컸으며, 긴 꼬리와 기둥처럼 보이는 다리를 가졌다. 용각아목 공룡의 키는 4.8~12m이고 몸무게는 9000~2만 7000kg 사이였다. 초식 공룡이었던 용각아목 공룡들은 네 발로 걸어 다녔으며 목과 꼬리가 길고 머리가 작았다. 이빨은 잎을 뜯어 먹는 데 사용했고, 먹은 잎은 위 속에 들어 있는 돌을 이용해 분쇄한 후 장 속 세균을 이용하여 화학적으로 분해했다. 용각아목에 속하는 공룡들은 쥐라기에 번성했던 초식 공룡으로 백악기에는 다른 초식 공룡에 비해 번성하지 못했다.

수각아목에 속하는 공룡들은 두 발로 서서 걷는 육식 공룡으로, 새 같은 몸과 긴 꼬리뼈 그리고 대부분 날카로운 이빨을 가지고 있었다. 또한 비늘과 발톱을 가지고 있었으며 긴 근육질 꼬리는 뒤쪽으로 꼿꼿하게 뻗어 몸의 균형을 잡아주었다. 앞다리가 가늘었으며 턱이 강하고, 이가 칼날처럼 날카로웠다. 병아리만 하여 작은 사냥감을 쫓는 종도 있었지만 대부분 몸집이 컸다.

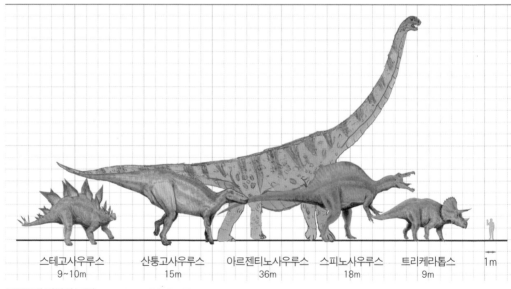

| 스테고사우루스 | 산퉁고사우루스 | 아르젠티노사우루스 | 스피노사우루스 | 트리케라톱스 | 1m |
| 9~10m | 15m | 36m | 18m | 9m | |

공룡들의 다양한 크기. © cc-by-sa-3.0: Zachi Evenor

백악기 말에 용각아목 공룡들은 멸종되었으나 수각아목에 속하는 조류는 살아남았다. 따라서 백악기 말에 모든 공룡이 멸종했다는 것은 사실이 아니다.

조반목은 크게 각각아목과 장순아목으로 분류한다. 각각아목에 속하는 공룡들은 다시 조각류, 각각류, 후두류로 나뉘고, 장순아목에 속하는 공룡들은 다시 검룡류와 곡룡류로 나뉜다. 조반목에 속하는 공룡들은 나무나 풀을 뜯어 먹고 살았던 초식 공룡으로, 입에는 부리처럼 생긴 뼈가 발달했으며 대부분 몸에 골판이 붙어 있었다. 잎 모양의 치관을 가진 초식동물로 어떤 것은 앞니가 없으나 대체로 강력한 어금니를 가졌다. 또한 척추를 뻣뻣하게 하는 힘줄도 있었다. 백악기에는 조반목에 속하는 공룡들이 가장 번성했던 초식 공룡이었다.

거대한 초식 공룡들.

• 용각류

용각류 공룡들은 육지에 살았던 동물 중에서 가장 큰 동물이다. 아파토사우루스(브론토사우루스), 브라키오사우루스, 디플로도쿠스가 여기에 속한다. 용각류는 트라이아스기 말기에 출현하여 쥐라기에는 디플로도쿠스와 브라키오사우루스가 광범위하게 분포했다.

화석은 남극 대륙을 제외한 전 지역에서 발견되고 있다. 용각류의 완전한 화석은 드물며, 뼈 일부만 발견되는 경우가 대부분이다. 많은 용각류 화석들이 머리뼈나 꼬리뼈 혹은 갈비뼈가 없는 상태로 발견된다.

용각류의 하나인 디플로도쿠스의 화석은 새뮤얼 웬델 윌리스턴[Samuel Wendell Williston, 1851~1918]이 1877년에 처음으로 발견했다. 디플로도쿠스는 매우 큰 공룡으로 총 길이는 27m에 몸무게는 70톤에 달했을 것으로 추정된다. 육식공룡이 다가오면 70여 개의 뼈로 이루어진 꼬리를 휘둘러 방어했을 것이다.

브라키오사우루스는 쥐라기 말기에서 백악기 초기까지 생존한 용각류 공룡으로, 앞발이 뒷발보다 더 길었다. 이 공룡의 가장 큰 특징은 매우 높은 앞발

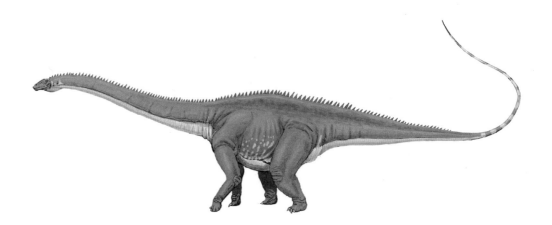

디플로도쿠스. © cc by 3.0-Creator-Dmitry Bogdanov

과 높게 뻗은 목이다. 따라서 기린처럼 높은 곳에 있는 식물을 따먹는 데 유리했을 것이다. 브라키오사우루스의 예전 복원도에는 하늘을 향해 머리를 꼿꼿이 세우고 있었지만 그럴 경우 심장에서 뇌까지 혈액이 전달되기 어렵다는 지적에 따라 완전한 수직이 아닌 좀 더 낮은 위치로 교정되었다. 브라키오사우루스의 화석은 미국 콜로라도의 그랜드 리버 계곡에서 1900년

브라키오사우루스.

에 처음 발견되었다. 그러나 이 화석은 불완전한 몇 가지 골격이나 뼛조각에 지나지 않았고 완전한 골격은 제1차 세계대전 당시 동아프리카 탄자니아에서 독일 과학자들에 의해 발견되었다.

브론토사우루스라고도 부르는 아파토사우루스는 1억 5000만 년 전 쥐라기에 번성했던 용각류 공룡이다. 아파토사우루스의 몸길이는 23m나 되었고, 몸무게는 23톤이었던 것으로 추정된다. 아파토사우루스는 '믿을 수 없는 도마뱀'이라는 뜻으로, 뼈가 해양 파충류인 모사사우루스와 흡사하여 붙은 이름이다. 쥐라기 후기 북아메리카에 분포했으며 미국의 콜로라도, 유타, 오클라호마, 와이오밍 등에서 발견되었다. 디플로도쿠스와 매우 비슷하지만 몸길이는 짧은 반면 체중이 훨씬 많이 나간다는 점이 다르다.

• 수각류

수각류는 두 발로 걷던 용반목 공룡으로 대부분 육식성이었으나 백악기에

아파토사우루스(브론토사우루스).

일부가 초식성으로 진화한 것으로 보인다. 수각류는 2억 3140만 년 전인 트라이아스기 말에 처음 출현해 쥐라기 초부터 백악기 말까지 번성했다. 백악기말 대멸종 때 새를 제외한 수각류 공룡은 멸종되었다. 수사류와 새는 발가락이 세 개이고, 차골, 속이 빈 뼈, 깃털을 가지고 있으며, 알을 낳는다는 공통점이 있다. 수각류 공룡의 종류는 매우 다양하다. 이 중에는 주로 어류를 먹었을 것으로 생각되는 스피노사우루스, 잡식성으로 오늘날의 타조처럼 빠르게 달릴 수 있도록 진화한 오르니토미무스, 몸길이가 30cm정도밖에 되지 않는 벌레를 잡아먹고 사는 아주 작은 수각류, 몸길이가 10m 이상이었던 거대한 포식자 티라노사우루스도 있다. 새도 수각류 공룡의 일종이므로 수각류 중에서 가장 작은 종류는 몸길이가 5.5cm인 벌새라고 할 수 있다.

스피노사우루스의 화석은 1912년 이집트에서 독일의 고생물학자 에른스트 스트로머[1871~1952]가 최초로 발견했고, 1997년에 이집트와 모로코, 알제

스피노사우루스. © cc-by-sa-3.0; Durbed

리, 튀니지 등 북아프리카의 다른 나라에서도 화석들이 추가 발견되면서 제대로 복원되었다. 몸길이는 15~17m나 되었고 몸무게는 7~9톤에 달하는 거대한 공룡으로 육식 공룡 중에서 몸집이 가장 컸다. 입은 가늘고 길며 고깔 같은 모양의 이빨이 촘촘히 박혀 있다. 이 이빨은 먹이를 직접 잡아 뜯어 먹는 데 사용한 것이 아니라 먹이를 붙잡고 휘둘러 찢어내어 먹었을 것으로 추정된다. 앞다리는 티라노사우루스보다 길고 튼튼하며, 큰 발톱이 달려 있었다. 발톱은 공격하는 데 사용했을 것으로 추정된다.

티라노사우루스는 백악기 후기에 살았던 수각류 공룡으로, 북아메리카 대륙 서쪽에서 주로 서식했다. 몸에 비해 거대한 두개골과 길고 무거운 꼬리가 균형을 이루면서 두 발로 걸었으며 뒷다리가 크고 강력한 데 비해 앞다리는 매우 작았지만 가장 큰 육식 공룡 중 하나였다. 난폭한 습성과 식욕으로 먹잇감을 사정없이 공격한 뒤 배를 채웠을 것이다. 가장 완벽한 상태로 남아 있는 화석의 몸길이는 13m에 이르며 엉덩이까지의 높이는 4m였고, 몸무게는 7톤으로 추정되었다.

티라노사우루스는 서식지에서 가장 큰 육식 공룡이었으므로 최상위 포식자였다. 하드로사우루스나 각룡류를 먹이로 했을 것으로 보이며 거대한 초식 공룡인 용각류도 먹이로 삼았을 가능성이 있다. 일부에서는 티라노사우루스가 청소 동물이었을 것이라고 주장하는 사람들도 있다. 티라노사우루스 화석은 많이 발견되었으며 그중 일부는 뼈가 거의 완전하게 보존되어 있었고, 부드러운 조직과 단백질 화석이 포함된 것도 있었다. 비교적 많은 화석 덕분에 티라노사우루스의 생활사, 생물역학 등 다양한 측면에서의 생물학적 연구가 이루어질 수 있었다. 하지만 식습관이나 생리학, 주행속도 등에 대해서는 학자들 사이에 논쟁이 이루어지고 있다.

티라노사우루스 앞발의 용도는 명확하지 않다. 작은 크기를 보면 퇴화한 것으로 볼 수 있지만, 뼈의 굵기나 근육 부착점을 보면 약 200kg를 들어 올릴 정도의 힘을 낼 수 있었을 것으로 추정된다. 티라노사우루스의 조상들은 앞발이 뒷발보다 작기는 하지만 티라노사우루스보다는 훨씬 길고 커서 도망치려는 먹이를 움켜쥐기에 적합했다. 하지만 후대로 갈수록 체구에 비해 머리가 커지고 앞발은 작아지는 쪽으로 진화한다. 이는 먹이를 앞발로 움켜잡아 도망가지 못하게 하는 대신 거대한 입으로 물어 도망가지 못하도록 진화한 것으로 보인다.

아직까지 티라노사우루스가 깃털을 가지고 있었다는 확실한 증거는 발견되지 않았다. 그러나 2004년에 발견된 딜롱이나 2012년에 발견된 유티라누스 같은 티라노사우루스과 공룡이 깃털의 흔적을 지니고 있었기 때문에 티라노

티라노사우루스. © cc-by—sa-3.0; DinoTeam

사우루스도 깃털을 가지고 있었을 것이라고 주장하는 사람들이 있다. 부분적으로 또는 어린 티라노사우루스가 깃털을 가졌을 가능성을 부인할 수는 없지만 티라노사우루스가 전신에 깃털을 가지고 있었을 것으로는 보이지 않는다.

오르니토미무스는 백악기 후기에 북미 대륙에 서식했던 수각류 공룡이다. 타조 공룡으로 불리는 오르니토미무스는 세 개의 발가락, 가늘고 긴 팔, 긴 목, 조류와 유사한 머리 등이 특징이다. 오늘날의 타조 같은 모습으로 다리도 빨랐을 것으로 추정된다. 몸 전체 길이는 3.5m 정도이고, 체중은 140kg 전후였을 것으로 추정된다. 육식 공룡인 수각류이지만 주둥이 모양의 입에 이빨이

오르니토미무스. © cc-by-sa-4.0; Tom Parker

없어 초식 공룡으로 보는 사람들도 있다.

• 조각류

조각류에 속하는 공룡 중에 가장 널리 알려진 공룡은 이구아노돈이다. 이구아노돈은 백악기 전기에 살았던 공룡으로, 이구아나를 닮았다 해서 이구아노돈이라 불리게 되었다. 몸길이는 9~10m, 몸무게는 3~6톤 정도였다. 이구아노돈의 이빨은 이구아나처럼 생겼고 보통 네 발로 걸었지만 육식 공룡한테 쫓길 때는 두 발로 걸었고 높은 곳에 위치한 나뭇잎을 먹을 때도 두 발로 섰을 것이라 추정된다. 앞발의 엄지손가락에는 공격용으로 추정되는 상당히 뾰족한 발톱이 나 있다.

이구아노돈.

• 검룡류

등에 뿔이 있는 검룡류에는 스테고사우루스, 투오지앙고사우루스, 켄트로사우루스 등이 있다. 스테고사우루스는 1억 5000만 년 전 쥐라기 후기에 북아메리카 서부에서 서식했다. 2006년 포르투갈에서 표본이 발견되어 유럽에서도 서식했다는 사실이 밝혀졌다. 스테고사우루스는 특유의 꼬리 가시와 골판으로 가장 잘 알려진 공룡 중 하나로, 크고 육중한 체격과 네 개의 짧은 다리를 가진 초식 공룡이다. 뒷다리에 비해 앞다리가 짧아 등이 둥글게 굽으면서 머리가 꼬리보다 땅에 가까운 독특한 자세를 취했다. 네 발로 걸었던 스테고사우루스는 두 줄로 나 있는 연 모양의 골판이 둥근 모양의 등에 수직으로 솟아 있었고, 두 쌍의 긴 골침이 거의 수평으로 꼬리 끝부분에 나 있었다. 골침과 골판의 기능에 대해서는 많은 추측이 이루어지고 있다. 골침은 방어하는 데 사용했을 것으로 보이며, 골판은 방어, 과시, 체온조절 등에 사용했을 것으로 보인다. 커다란 몸에 비해 뇌의 크기는 비교적 작았다. 스테고사우루스는 짧은 목과 작은 머리를 가졌는데, 낮게 자란 수풀과 관목을 먹었을 것으로 추측된다.

스테고사우루스.

투오지앙고사우루스는 쥐라기 후기에 서식했던 초식 공룡이다. 몸 전체 길이는 약 6~7m, 높이는 2~2.5m, 체중은 2.5~4톤가량으로 추정된다. 어깨 부분에 가시가 돋은 검룡으로 목 부분은 다른 검룡보다 머리를 낮게 유지할 수 있는 구조여서 주로 지면의 식물을 먹고 생활했을 것으로 추측된다. 네 발로 걸었지만 두 발로 일어설 수도 있었다.

투오지앙고사우루스. © cc-by-2.5; No machine-readable author provided. ArthurWeasley~commonswiki assumed (based on copyright claims)

• 각룡류

각룡류에 속하는 공룡들은 독특한 모양의 두개골 때문에 쉽게 알아볼 수 있다. 각룡류의 위턱에 있는 부리뼈는 다른 동물에선 찾아볼 수 없는 각룡류만의 특징이다. 부리뼈는 모든 조반류 공룡에서 볼 수 있는 전치골과 함께 앵무새와 비슷해 보이는 부리를 만든다. 위에서 보았을 때 두개골 전체의 형태는 삼각형에 가깝다. 각룡류는 초식성이며 부리를 가지고 있는 공룡들로, 백악기에 북아메리카, 유럽 그리고 아시아에서 번성했다.

프시타코사우루스 같은 초기 각룡류들은 두 발로 걸었다. 후에 트리케라톱스를 비롯한 케라톱스과의 각룡들은 몸집이 커져서 네 발로 걸었으며 얼굴에는 뿔이 있었고, 목 위로는 두개골이 연장된 프릴을 가지고 있었다. 프릴은 취약점인 목을 포식자로부터 보호하는 역할을 했을 수도 있고, 과시나 체온조절에 이용되거나 넓은 면적에 턱을 움직이기 위한 근육이 부착되었을 수도 있다. 각룡류의 몸길이는 1~9m, 몸무게는 23~5400kg 정도였다. 각룡류 중에서 가장 널리 알려진 것은 트리케라톱스이며 우리나라에서 발견된 코레아케라톱스도 각룡류에 속한다.

트리케라톱스는 약 6800만 년 전 백악기 후기에 북아메리카 지역에 서식하던 초식성 각룡류이다. 목 부분에 뼈로 이루어진 큰 프릴이 있고, 얼굴에 세개의 뿔이 있어 가장 눈에 잘 띈다. 티라노사우루스와 같은 지역에 살았으며 아마 티라노사우루스의 사냥감이었을 것이다.

트리케라톱스. © cc-by-2.5; Nobu Tamura (spinops.blogspot.com)

트리케라톱스는 1889년에 처음 발견된 후 많은 연구가 이루어졌다. 2000~2010년에 한 지역에서만 47개의 완전하거나 부분적인 두개골이 발견되었는데 알에서 갓 깨어난 새끼에서 성체까지 전 생애에 걸친 화석들이었다.

목 주위의 프릴과 눈에 잘 띄는 세 개의 뿔이 어떤 기능을 하는지에 대해서도 오랫동안 논쟁이 있어왔다. 전통적으로는 프릴과 뿔이 포식자에 대항하는 방어용 무기라고 생각되었다. 최근의 이론들에 의하면, 각룡류 두개골에 있는 핏줄을 근거 삼아 프릴과 뿔이 동종 인식, 짝짓기와 무리 속에서 서열을 보여주는 과시용이었을 가능성이 있다.

코레아케라톱스 화성엔시스는 백악기 전기에 살았던 공룡인데, 한국에서 발견된 뿔 달린 얼굴이란 뜻으로 코레아케라톱스로 명명되었다. 1994년에 시화호 건설 당시 경기도 화성시의 적색 사암층에서 발견되었으며 이융남이 2011년 초에 명명한 원시 각룡류 공룡이다.

• 후두류

후두류는 조반목에 속하는 공룡으로, 백악기 후기에 북아메리카와 아시아에서 살았다. 이들은 모두 두 발로 걸었고 초식성 또는 잡식성으로 두꺼운 두개골이 있으며, 두개골 윗부분이 10~20cm 두께의 돔 모양이나 쐐기 모양을 하고 있었다. 돔 주위에는 조그만 옹이나 스파

파키케팔로사우루스.

이크 같은 것이 나 있는 경우도 있다. 두개골의 돔이 박치기에 사용되었으리라는 가설이 제기되었으나 이에 대한 반론도 만만치 않다. 후두류 공룡 중에 널리 알려진 파키케팔로사우루스는 백악기 후기에 북아메리카에 살았다.

파키케팔로사우루스는 두 발로 걷던 초식성 또는 잡식성 동물로, 원래는 윗부분이 매우 두꺼운 하나의 두개골이 발견되었으나 최근에 좀 더 완전한 화석들이

파키케팔로사우루스. © cc-by-2.5:Joseph E. Peterson, Collin Dischler, Nicholas R. Longrich-plos one

발견되었다. 파키케팔로사우루스는 백악기 말 대멸종 직전에 살았던 마지막 공룡들 중 하나다.

• 곡룡류

갑옷룡이라고도 불리는 곡룡류는 네 발로 걸었던 초식성 공룡으로 몸은 짧고 육중했으며, 등은 작은 골편으로 덮여 있었다. 골편은 둥글거나 사각형인데 커다란 골편들은 주로 몸 앞쪽을 덮는 경향이 있었다. 중생대 쥐라기 말기에서 백악기 초에 곡룡류의 시초격인 종이 출현했는데, 대표적인 공룡에는 폴라칸투스, 안킬로사우루스와 에우오플로케팔루스 등이 있다.

안킬로사우루스는 백악기 후기에 살았던 공룡으로 미국, 캐나다 등지에서 화석이 발견되고 있다. 몸길이는 6.25m, 몸무게는 3톤 가량으로 추정된다. 안킬로사우루스는 최후의 갑옷 공룡으로 딱딱한 골편이 몸을 뒤덮었고 가장 강력한 방어 무기인 꼬리 곤봉도 달려 있었다. 육식 공룡이 꼬리 곤봉에 맞으면 뼈가 부러져 불구가 되거나 다른 육식 공룡에게 잡아먹힐 가능성이 높았을 것이다.

안킬로사우루스.

대멸종으로 중생대를
마감하는 **백악기**

(1억 4550만 년 전~6550만 년 전)

1억 4550만 년 전에 시작하여 6550만 년 전에 끝난 백악기에는 대서양은 거의 완전히 넓어졌으나, 북아메리카와 유럽은 완전히 분리되지 않았다. 인도양이 계속 확장됨으로써 인도 대륙은 아시아 쪽으로 꽤 가까워졌으며 아프리카와 남극도 상당히 멀어지게 되었다.

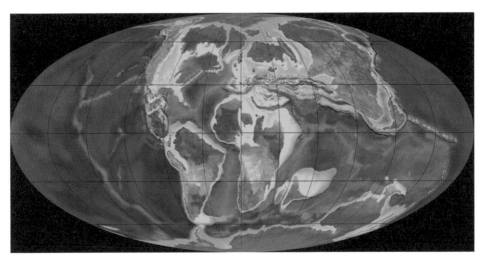

백악기의 지구.

백악기는 생물의 변화가 많이 일어난 시기였다. 암모나이트류는 백악기 중엽까지 바다에서 번성했으나 말엽에 멸종했다. 부족류와 복족류는 온갖 환경에 적응하면서 다양해졌고, 굴족류도 풍부했다. 어류는 현생종과 비슷한 종류가 많이 출현했다. 포유류는 쥐라기에 생존하던 종류가 그대로 존속했다. 쥐라기와 백악기에 절정을 이루었던 파충류는 백악기 말에 들어와 급속히 쇠퇴하기 시작했으며, 특히 공룡류는 새를 제외하고 모두 멸종했다.

반면 포유류는 백악기 말에 발달하기 시작해 신생대에는 육상동물의 주역으로 등장했다. 백악기에는 식물계에도 큰 변화가 있었다. 초기 백악기에는 쥐라기와 비슷하게 겉씨식물이 우세했지만, 점차 속씨식물과 낙엽수가 우세하게 되었고 현화식물도 발달했다.

백악기의 기후는 파충류의 번성과 식물군의 분포로 미루어볼 때 비교적 온난했으며 극지방도 오늘날보다는 따뜻했던 것으로 생각된다. 그러다 후기 백악기에 들어서면서 지각변동의 영향으로 기온이 다소 떨어졌던 것으로 추정된다.

백악기 말 대멸종(6550만 년 전)

백악기를 가리키는 독일어 'Kreidezeit'와 신생대 제3기를 가리키는 'Tertiary Period'라는 말의 머리글자를 따서 K-T 대멸종이라고도 불리는 백악기 말 대멸종은 세계 각지에서 발견되는 K-T 경계와 밀접한 관계가 있다. 백악기 말 대멸종을 경계로 중생대가 끝나고 신생대가 시작되었다. 하늘을 날지 않는 공룡의 화석은 K-T 경계 아래층에서만 발견된다. 이는 하늘을 날지 못하는 공룡, 즉 새를 제외한 공룡이 이 경계가 만들어지는 동안 멸종했음을 의미한다. 적은 수의 공룡 화석이 K-T 경계 위에서 발견되었지만 이는 화석이 원래 위치에서 침식되었다가 이후 퇴적물에 의해 보존되었을 것으로 보고 있다. 포유류도 일부 멸종했으나 대부분의 포유류는 이 경계에서 살아남아 신생대에 전성기를 맞았다.

과학자들은 K-T 대멸종이 하나 혹은 그 이상의 전 지구적인 파괴적 사건에 의해 일어난 것으로 보고 있다. 가장 널리 받아들여지고 있는 이론은 앨버레즈 부자가 1990년에 처음 주장한 것으로, 칙술루브 크레이터^Chicxulub Crater에 충돌한 소행성 때문에 대멸종이 일어났다는 것이다. 이 이론에서는 소행성 충돌로 인한 대규모의 충격파와 산성비가 전 세계를 덮쳤으며 대량으로 발생한 먼지가 대기권 상층부에 머물면서 기후를 변화시킨 것이 멸종의 원인이 되었다고 주장하고 있다.

소행성 충돌설의 가장 강력한 근거로 제시되고 있는 것이 K-T 경계 지층에서 발견되는 다량의 이리듐이다. 이리듐은 지구 표면보다 지구 내부 또는 지구처럼 분화를 거치지 않은 소행성이나 운석에 다량 분포해 있으므로 K-T 경계 지층에 많은 양의 이리듐이 포함되어 있는 것은 이 시기에 커다란 소행성의 충돌이 있었음을 의미한다는 것이다. 이 시기의 지층에서는 자주 발견되는 암석이 녹아 만들어진 천연유리인 텍타이트도 소행성 충돌설의 근거로 제시되고 있다.

1990년에 멕시코에 위치한 유카탄 반도에서 거대한 소행성 충돌의 흔적인 칙술루브 충돌구가 발견된 것도 이런 주장을 뒷받침하고 있다. 칙술루브 충돌구는 NASA에서 지역별 지구 중력을 측정하기 위해 운용했던 과학위성이 수집한 3차원 분석 자료를 통해 최초로 발견되었다. 지표면 아래 수 킬로미터에 묻혀 있어 지상에서 육안으로는 확인되지 않는다. 소행성 충돌설을 지지하는 학자들은 칙술루브 충돌구의 크기가 이 시기 지층에서 발견한 이리듐의 양에서 추정한 소행성의 크기와 맞는다고 주장하고 있다. 이리듐층의 두께를 조사해봐도 유카탄 반도 근처로 갈수록 두께가 두꺼워지고 유카탄 반도에서 멀리

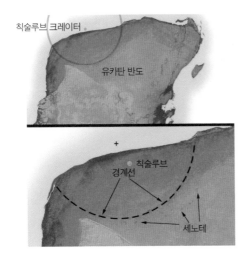
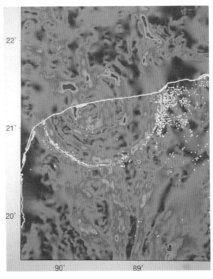

멕시코 만 유카탄 반도의 칙술루브 충돌 크레이터 위치(좌측 지도에 원으로 표시됨)를 나타내는 지도와 중력 탐사를 통해 나타난 칙술루브 크레이터의 모습(우).

떨어진 곳은 두께가 비교적 균일하다는 연구 결과도 소행성 충돌설을 지지하고 있다. 2010년 3월에 100여 명의 지질학자들이 K-T 멸종이 유카탄 반도의 소행성 충돌에 의한 것임을 지지한다는 성명을 발표했다.

　K-T 대멸종이 화산활동에 의한 것이라는 화산활동설은 소행성 충돌설과 오랫동안 대립해왔다. 화산활동설을 주장하는 학자들은 인도의 데칸 고원을 형성한 데칸 화산활동과 이에 따른 장기적인 기후변화가 대멸종을 야기했다고 주장한다. 화산재가 햇빛을 차단하여 기후에 영향을 줄 수 있다는 것은 오늘날의 화산 분출에서도 확인되었다. 데칸 화산활동은 그보다 훨씬 대규모로 일어났기 때문에 기후변화로 인한 대멸종을 야기할 수 있다는 것이다. 또한 화산활동에 의해 지구 내부의 이리듐이 분출될 수도 있으므로 이 시기의 지층에서 이리듐이 많이 발견되는 것도 설명할 수 있다고 주장한다.

　그러나 데칸 화산활동은 폭발적으로 분출되어 대량의 화산재를 방출하는 화강암질 마그마에 의한 것이 아니라 점성이 낮은 현무암질 마그마에 의한 것이었다는 것이 이 이론의 가장 큰 약점이다. 그리고 국지적인 수준의 화산 활동은 지구 전체에 심각한 영향을 줄 정도가 아니라는 반론도 만만치 않다.

소행성 충돌이 K-T 대멸종의 원인이 되었음은 부정하지 않으나, 유카탄 반도에 충돌한 소행성이 아니라, 보다 더 큰 규모의 소행성이 충돌하여 대멸종을 야기했을 것이라고 주장하는 학자들도 있다. 이들은 유카탄 반도 주변에 분포하는 지층에서 발견되는 텍타이트를 포함한 지층과 이리듐을 다량 포함한 지층의 연대가 일치하지 않는다는 점을 근거로 제시하고 있다. 유카탄 반도 충돌설을 지지하는 과학자들은 지층의 연대가 일치하지 않는 것은 충돌의 충격으로 인한 해일과 같은 교란 때문이라고 설명한다. 그러나 이러한 교란으로는 설명할 수 없는 지층이 발견되어 이런 설명을 더욱 어렵게 만들고 있다.

또 다른 소행성의 충돌을 주장하는 사람들은 칙술루브 충돌과 K-T 경계면 사이에는 적어도 30만 년의 차이가 나기 때문에 대멸종의 직접적인 원인이 될 수는 없다고 주장하고 있다. 칙술루브 소행성 충돌보다 더 큰 규모의 소행성 충돌을 예상하는 이 학설에선 200km가 넘는 크레이터를 형성한 소행성의 충돌을 주장하고 있다. 칙술루브 충돌구도 21세기의 인공위성 기술을 이용하여 발견되었으므로 그보다 더 큰 규모의 충돌 크레이터가 아직 발견되지 않는 것이 이상하지 않다고 주장한다. 지구 상의 크레이터는 물에 의한 침식과 지질 활동으로 쉽게 사라져버리기 때문에 발견하기가 어렵다.

제6부

신생대의 지구

포유류가 지배하는 신생대

(6550만 년 전~현재)

신생대는 약 6550만 년 전 백악기 말에 공
룡이 멸종한 때부터 현재까지로 포유동물이 지
구를 지배한 시대여서 포유류의 시대라고 한
다. 신생대는 제3기와 제4기로 나눈다. 진화론
을 제안한 찰스 다윈에게 큰 영향을 끼친 영국
의 지질학자 찰스 라이엘[1797~1875]은 1833년 지
질시대를 지층의 특성에 따라 제1기, 제2기, 제
3기, 제4기로 구분했다.

찰스 라이엘

1872년에 지층에서 발견된 동물 화석에 따라 지질시대를 다시 고생대, 중
생대, 신생대로 구분했다. 이때 제1기와 제2기는 각각 고생대와 중생대가 되
었고, 제3기와 제4기는 신생대의 두 기로 남게 되었다. 제3기는 팔레오세, 에
오세, 올리고세, 마이오세, 플라이오세로 구분하며, 제4기는 플라이스토세(홍
적세)와 홀로세(충적세)로 나눈다.

신생대는 대륙들이 현재의 위치에 자리 잡은 시기다. 오스트레일리아와 뉴

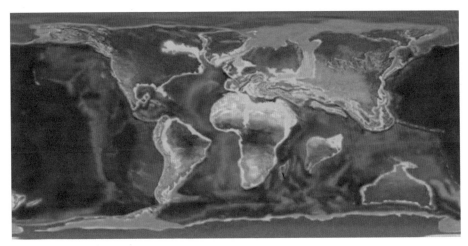

신생대 초기인 팔레오세의 지구. © cc-by-sa-3.0; Vitorsingleboy

기니가 곤드와나에서 분리되어 북쪽의 동남아시아 부근으로 이동했고, 남극 대륙은 남극점으로 이동했으며, 인도 아대륙은 유라시아와 충돌하면서 히말 라야 산맥을 만들었다. 대서양은 더 넓어졌으며, 남아메리카와 북아메리카가 연결되었다.

6550만 년 정도 계속 된 신생대에서 제3기가 약 6300만 년을 차지하고 세 4기는 180만 년에 불과하다. 제3기엔 기후가 대체로 온난했고 조산운동이 활발했다. 알프스와 히말라야 등의 큰 산맥이 이루어지는 조산운동도 제3기 에 있었다. 신생대의 마지막 시기인 제4기는 약 180만 년 전부터 오늘날까지 다. 제4기는 여러 번의 빙하기가 있었기 때문에 빙하시대라고도 불린다.

1만 2900년 전 있었던 마지막 빙하기인 신생대 제4기 뷔름빙기에는 여름 기온이 8~9℃ 정도에 불과했다. 과학자들은 온도가 내려가면서 매머드가 주 식으로 하는 잔디와 버드나무가 감소하고 영양가가 부족한 침엽수나 독성이 있는 자작나무 비율이 증가하여 매머드가 멸종한 것으로 보고 있다. 빙하기가 있었던 이유에 대해서는 여러 가설들이 있지만 확실하지는 않다. 유력한 가설 중 하나는 혜성이 지구에 충돌하면서 많은 물질이 공중으로 올라가 햇빛을 차단해 빙하기를 불러왔다는 혜성 충돌설이다. 하지만 혜성 충돌설의 근거가 확실하지 않다는 이유로 반대하는 사람들도 많다. 혜성 충돌 같은 지구적인 사건이 있었다면 다른 여러 곳에서 증거가 발견되어야 하는데 그런 증거가 발견되지 않는다는 것이 혜성 충돌설을 반대하는 사람들의 주장이다.

65.5	대	신생대	제3기	팔레오세	• 열대 기후 • 공룡의 멸종 이후 포유류의 분화가 시작됨. • 대형 포유류의 등장. • 빙하시대 시작
55.8				에오세	• 고대 포유류 번성. • 현생 포유류의 과가 출현 • 원시적인 고래 출현
33.9				올리고세	• 따뜻한 기후로 동물 특히 포유류의 빠른 진화와 확산. • 속씨식물의 진화와 확산.
23.03				마이오세	• 온화한 기후. • 북반구의 조산 운동. • 포유류와 조류의 과가 생김. • 말과 코끼리의 조상이 번성. • 풀이 널리 퍼짐. • 유인원 출현
5.33				플라이오세	• 빙하기가 강화됨. • 오스트랄로피테쿠스가 나타남. • 현생 포유류 속 등장.
1.806			제4기	플라이스토세	• 여러 거대 포유류가 번성한 후 멸종. • 현생 인류가 진화.
0.0011				홀로세	• 빙하기가 끝나고 인류 문명이 시작됨.
0					

신생대 연대표.

고래가 다시 바다로 돌아간 제3기
(6500만 년 전~180만 년 전)

제3기는 6550만 년 전부터 약 180만 년 전까지의 시기로, 오늘날의 지구와 비슷한 자연환경이 형성된 신생대 초기와 중기에 해당한다. 제3기의 생물계는 전체적으로 현재의 생물계와 유사했다. 제3기의 중요한 해양 무척추동물로는 석회질 또는 규산질 껍데기를 가지고 있으며 육안으로 보일 정도로 큰 단세포동물로 껍데기에 있는 작은 구멍에서 실 모양의 발을 내밀어 먹이를 얻는 유공충이 있는데, 부유성 유공충은 제3기 동안 빠른 속도로 진화했다. 유공충은 매우 작은 원생동물이지만 일부 유공충은 지름 약 1cm 정도의 볼록렌즈 모양을 하고 있는데 이를 화폐석이라고 부른다.

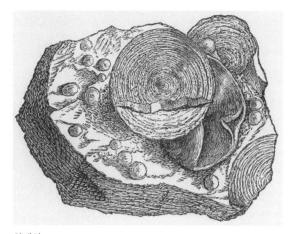

화폐석.

신생대의 따뜻한 바다에서 서식했던 유공충은 특히 에오세(5580만 년 전에서 3390만 년 전 사이)에 번성하여 제3기를 확인하는 표준화석으로 사용되고 있다.

유공충이 죽은 후 껍데기가 쌓여 된 진흙을 유공충니라고 하는데 백악과 석회는 유공충니로 이루어진 것이다. 해저의 약 30%를 덮고 있는 유공충니는 석회석과 분필을 만드는 재료로 사용된다.

연체동물로는 두 부분으로 나누어져 있는 껍데기를 가지고 있으며 다리는 물 밑바닥이나 땅속을 파고 들어가기에 알맞도록 도끼 모양이며 두 쌍의 넓은 아가미가 있는 조개, 굴, 대합, 홍합, 꼬막, 재첩과 같은 이매패류(부족류)와 배를 발로 사용하는 달팽이, 민달팽이, 고둥, 소라, 전복, 다슬기, 우렁이와 같은 복족류가 번성했다. 육상에도 달팽이를 비롯한 연체동물과 몸의 표면에

복족류.

이매패류(부족류).

가시가 나 있는 골판으로 싸인 성게류, 불가사리류, 해삼류를 포함하는 극피동물이 비교적 풍부했다.

포유류가 빠른 속도로 진화했으며, 인류의 조상인 영장류 역시 식충류로부터 진화했다.

신생대 제3기에 있었던 동물계의 변화 중 하나는 포유류가 다시 바다로 돌아가 고래가 된 것이었다. 고래는 바다에 살지만 물고기가 아니라 포유류다. 수중 생활에 적응하기 위해 몸이 물고기와 비슷하게 진화했으며 수중 생활에 도움이 되지 않는 털이 사라져 피부가 매끈해졌고, 차가운 바다애서 체온을 유지하기 위해 피부 밑에는 두꺼운 지방층이 생겨났다. 또 물속에서의 활동이 편리하도록 몸이 유선형으로 변했다. 이러한 변화에도 불구하고 고래는 포유류의 특징을 모두 가지고 있다. 앞발이 변한 가슴지느러미 안에는 발가락뼈가 아직도 남아 있으며, 허파로 호흡하고, 다른 포유류와 마찬가지로 자궁에서 새끼를 키운 후 낳는다. 암컷은 아랫배에 한 쌍의 젖꼭지를 가지고 있다. 고생대에 생명체가 바다에서 육지로 진출하였던 것과는 반대로 육상 생활을 하던 포유류가 다시 바다로 돌아가 고래가 된 것이다.

고래목은 크게 수염고래아목과 이빨고래아목으로 분류된다. 이빨고래아목에 속하는 70종의 고래는 일생동안 이빨을 가지고 있으며 주로 몸집이 작은 고래들이 여기에 속한다. 돌고래도 이빨고래아목에 속한다. 11종의 고래가 속한 수염고래아목은 태생기에는 이빨이 있지만 분만 전에 퇴화되어 없어지고 대신 플랑크톤이나 작은 물고기를 걸러 먹는데 사용하는 고래수염이 나타난다. 수염고래의 일종인 흰긴수염고래는 지구상에 있는 모든 동물 중에서 가장 몸집이 큰 동물이다.

수염고래는 제3기 미오세 중엽에 처음으로 나타났다. 초기의 수염고래는 고래수염을 조금 가지고 있어 주로 이빨을 이용하여 먹이를 획득했지만 점점

흰긴수염고래.

긴 고래수염을 가진 고래들이 등장했다. 플랑크톤이나 작은 물고기를 걸러먹는 고래수염이 발달함에 따라 많은 에너지를 쉽게 확보할 수 있게 되자 현재와 같은 큰 몸집을 가진 동물로 발전할 수 있었다. 시각이 아니라 음파를 이용하여 먹이를 찾는 이빨고래가 나타난 것은 올리고세 중엽인 약 3400만 년 전이었다. 올리고세 중엽부터 미오세 중엽까지 살았던 스켈로돈의 두개골에서 처음으로 음파의 반사파를 감지할 수 있는 구조의 흔적이 발견되었다. 스켈로돈의 골격 구조는 현대 이빨고래와 골격 구조와 비슷한 점이 많다. 그러나 스켈로돈이 현대 이빨고래의 직계 조상은 아닌 것으로 알려져 있다. 최초의 돌고래인 켄트리오돈트는 올리고세 말기에 나타나서 미오세 중엽에 번성했다.

제3기의 육지와 바다의 분포는 오늘날과 비슷한 모습을 갖추게 되었다. 그러나 대서양은 계속 확장하여 대서양의 양 대륙은 멀어지고 있었다. 테티스해는 제3기에 들어 완전히 닫히면서 육지화되었다. 테티스 해의 육지화는 두

개의 큰 산맥을 형성했는데, 올리고세 말기에는 히말라야 산맥이, 마이오세 말기에는 알프스 산맥이 형성되었다. 제3기 초에는 전 세계적으로 기후가 온 난했지만 제3기 말에 들어서면서 점차 온도가 내려갔으며, 제4기인 플라이스 토세에는 여러 차례의 빙기가 도래했다.

인류가 지배하는 제4기
(180만 년 전~현재)

지질시대의 마지막인 제4기는 약 180만 년 전부터 오늘날에 이르는 시기이며, 약 1만 1000년 전을 기준으로 다시 플라이스토세(홍적세)와 홀로세(충적세)로 세분된다.

지구 상의 바다와 육지의 분포는 플라이스토세에 들어 현재와 비슷한 모습

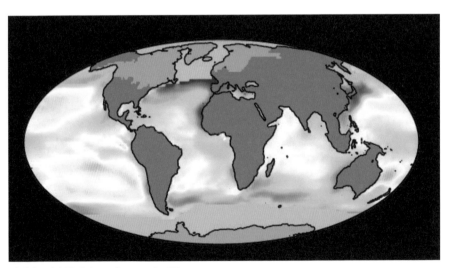

신생대 4기인 플라이스토세(홍적세)의 지구.

을 갖추게 되었으며, 플라이스토세 이후에는 빙하작용에 따른 지역적인 변화 말곤 거의 일어나지 않았다. 제4기의 지층은 아직 고화되지 않아 단단하지 않고 연약한 퇴적층으로 남아 있다. 제4기의 퇴적물은 대륙과 해저에서 모두 관찰되며, 지금도 퇴적이 진행 중인 것이 관찰되고 있다. 석회암을 비롯한 탄산염암의 퇴적은 주로 바하마나 걸프 만 같은 열대 지방의 바다에서 일어나고 있다. 플라이스토세 지층에서는 빙성층과 화산암도 발견된다.

플라이스토세에 이르러 지구 상의 생물계는 현재와 거의 비슷한 모습을 갖추었다. 제3기에 번성하기 시작한 포유류는 지구를 완전히 지배하게 되었으며, 중생대에 번성했던 파충류는 현저히 감소했다. 플라이스토세에는 매머드가 멸종하는 사건도 있었다. 긴 코를 가지고 있었지만 엉덩이와 어깨가 거의 수평을 이루는 코끼리와는 달리 엉덩이가 어깨보다 훨씬 낮았던 매머드는 코끼리와는 확연하게 구분된다. 제3기 말인 약 480만 년 전에 나타나 지구상에 널리 퍼져 살았던 매머드는 약 1만 1000년 전인 플라이스토세 말에 멸종되어 지구상에서 사라졌다. 플라이스토세에 빙하기가 시작되면서 따뜻한 곳에 살던 매머드가 먼저 멸종되었고, 30만 년 전부터는 온 몸이 별로 덮여 있어 추위에 강한 매머드가 추운 지방을 중심으로 번성했지만 플라이스토세 말에 있었던 빙기에 멸종되었다. 시베리아와 알래스카의 얼음 속에서 죽은 매머드가 부패되지 않은 채로 발견되어 매머드에 대해 많은 것을 알 수 있게 되었다.

매머드가 멸종한 원인을 설명하는 이론에는 기후 변화설, 인류 사냥설 등이 있지만 확실하지는 않다. 구석기 시대에 그린 동굴 벽화에서 매머드를 사냥하는 그림이 많이 발견되는 것으로 보아 매머드는 그 시대 인류의 좋은 사냥감이었던 것으로 보인다.

제3기에 출현한 영장류도 다른 포유류와 함께 꾸준히 진화했다. 오스트랄로피테쿠스는 플라이스토세 초기에 등장했으며, 호모에렉투스는 플라이스토세 중엽과 말엽에 활동했고 현대인인 호모사피엔스는 플라이스토세 말엽에 출현했다. 이렇게 탄생한 인류는 홀로세에 들어 신석기시대, 청동기시대, 철기시대를 차례로 거치면서 문명을 발달시켜 다른 생물들을 지배하면서 지구의 주인으로 등장했다.

제4기 기후의 특징으로는 지구 전체의 온도가 내려가는 빙하기를 들 수 있다, 신생대에 있었던 빙하기는 약 4000만 년 전에 지구의 온도가 내려가면서 시작되어 400만 년 전에 본격적인 빙하기로 들어섰고, 플라이스토세 동안 계

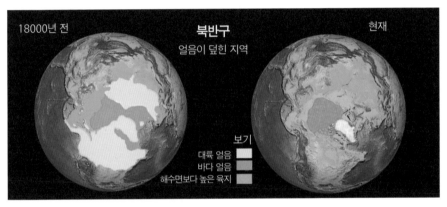

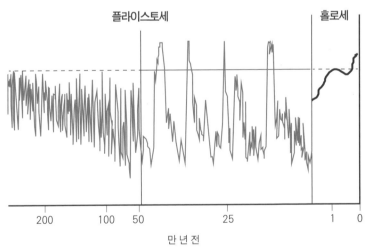

플라이스토세 지구 온도 변화.

속 되었다. 따라서 이 빙하기를 플라이스토세 빙하기라고 부른다. 신생대 이전에도 여러 번의 빙하기가 있었지만 일반적으로 이야기하는 빙하기$^{Ice\ Age}$는 플라스토세의 빙하기를 뜻한다.

플라이스토세 빙하기 초기에는 약 4만 년을 주기로 빙기와 간빙기가 반복적으로 나타났다. 어느 정도의 온도 변화를 빙기와 간빙기로 보느냐에 따라 이 시기에 나타났던 빙기와 간빙기의 횟수는 달라진다. 약 50만 년 전부터 약 1만 1000년 전 사이에는 약 10만 년을 주기로 반복해서 다섯 번의 빙기와 간빙기가 나타났다. 이 기간 동안에 있었던 다섯 번의 빙기는 도나우 빙기, 귄츠 빙기, 민델 빙기, 리스 빙기, 뷔름 빙기라고 부른다.

플라이스토세 빙하기는 인류가 지구상에 나타난 이후에 있었던 빙하기여서 인류의 진화에 많은 영향을 주었을 것으로 보인다. 홀로세는 최후의 빙기가 끝난 시대로 후빙기라고도 한다. 일부 학자들은 홀로세를 간빙기의 하나로 간주하며 따라서 앞으로 새로운 빙기가 올 것이라고 주장하고 있다.

인류세의 도입 문제

미국 버지니아대학의 기상학자인 윌리엄 루디먼$^{William\ F.\ Ruddiman}$은 〈우리가 살고 있는 시대를 정의하면서〉라는 논문에서 인류가 지구에 등장한 이후의 역사를 새롭게 규정해야 한다고 주장했다. 그는 인류가 지구 환경에 영향을 미치기 시작한 시점부터 지구의 역사는 새로운 지질시대로 구분해야 한다고 생각했다. 이것이 현재 학자들을 비롯해 많은 사람들 사이에서 논쟁거리가 되고 있는 인류세^{anthropocene} 도입의 문제다. 루디먼과 공동 연구자들은 인류세를 도입하면 신생대 이후 지구의 역사를 보다 정확히 기술할 수 있을 것이라고 주장했다. 그들은 인류세의 시작점을 인류가 처음 지구에 등장한 플라이스토세$^{Pleistocene\ Epoch}$ 중기로 보아야 한다고 했다. 이 시기는 대략 15만에서 25

만 년 전이다.

2000년에 인류세라는 용어를 처음 도입한 사람은 산화질소류가 오존의 분해를 촉진시키는 촉매 역할을 한다는 것을 밝혀내 1995년 노벨 화학상을 받은 네덜란드의 화학자 파울 크뤼천^{Paul Crutzen, 1933~}이었다. 크뤼천이 생각한 인류세 시작 시기는 산업혁명이 시작된 18세기였다. 크뤼천은 산업혁명 이후 남극 상공 오존층에 구멍이 생기고, 대기 중의 메탄가스 양이 두 배로 늘어났으며, 이산화탄소 농도가 크게 증가하는 등 지구 환경에 커다란 변화가 있었다는 것을 지적했다.

그러나 2016년 초 런던 대학의 닐 로스^{Neil Rose} 교수는 미국 뉴멕시코 남부에 있는 앨라모고도 부근 사막에서 첫 번째 원자탄 폭파 실험을 했던 1945년 7월 16일을 인류세의 시작점으로 해야 한다고 주장했다.

2016년 8월 29일, 국제지질학연합^{IUGS}이 남아프리카공화국에서 개최한 국제지질학회^{IGC}에서 여러 나라의 과학자들로 구성된 인류세 워킹 그룹은 지구가 1950년대에 인류세에 돌입했다고 선포하도록 권고했다. 이들은 원자폭탄 실험으로 생긴 방사성물질의 증가, 플라스틱 사용의 급증, 닭 뼈의 증가가 다른 지질학적 시기와 구별할 인류세의 특징이라고 주장했다.

그러나 일부 지질학자들은 인류세 도입 움직임에 반대하고 있다. 그들은 인류세를 도입하는 것은 아직 시기상조라고 주장한다. 인간이 지구 환경에 미치는 영향을 파악하려면 수 세기 이상의 시간이 흘러야 한다는 것이다.

인류세의 논란이 앞으로 어떻게 마무리될는지 속단하기는 어렵다. 그러나 인류세 도입을 이야기한다는 것 자체가 큰 의미를 띠는 것은 확실하다. 그것은 인류가 살고 있는 시대를 다른 시대와 분리하여 별도의 지질시대로 구분할 만큼 인류가 지구 환경에 끼치는 영향이 크다는 것을 보여준다.

인류가 지구 환경에 끼친 영향에는 인류나 지구 생명체에게 긍정적 영향을 주는 변화도 있었다. 산업혁명 이후 인류의 생활은 크게 향상되었다. 식량 생산량의 증가, 의료 기술의 발전, 통신과 교통의 발달 등으로 인류의 평균수명이 크게 늘어났고, 삶의 질이 개선되었다.

그러나 인류가 가져온 지구 환경 변화는 인류를 비롯한 지구 생명체에게 부정적인 영향을 주는 것들도 많다. 최근에 와서는 인류가 만들어내고 있는 부정적인 변화를 걱정하는 사람들이 점점 늘어나고 있다. 따라서 인류세 도입은 단순히 새로운 지질시대의 도입이 아니라 지구라는 환경 안에서 인류가 환경과 어떻게 상호작용하고 있으며, 이런 상호작용에서 인류의 역할이 무엇인지를 새롭게 인식하는 계기가 되어야 할 것이다.

인류의 출현

(350만 년 전)

　두 발로 걷고 도구를 사용한 흔적이 있는 인류의 조상은 제3기 말에 지구 상에 처음 등장했다. 현생인류가 나타나는 과정이 모두 밝혀진 것은 아니어서 여러 가지 이론이 존재하지만 지구 상에 살았던 인류의 조상은 오스트랄로피테쿠스(유원인), 호모하빌리스, 호모에렉투스(원인), 호모사피엔스(구인), 호모사피엔스사피엔스(신인)로 구분하고 있다.

　가장 먼저 지구 상에 등장한 인류는 '남쪽의 원숭이'란 의미의 오스트랄로피테쿠스였다. 오스트랄로피테쿠스는 350만 년 전보다 이른 시기에 나타나

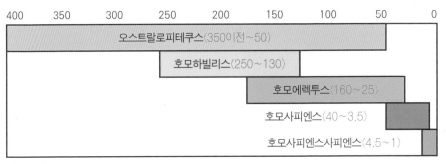

인류 연대표(시간 단위: 만 년 전).

오스트랄로피테쿠스의 분포 지역.

50만 년 전까지 살았던 것으로 추정된다. 연구자에 따라서는 오스트랄로피테쿠스가 500만 년 전에 이미 지구 상에 나타났다고 주장하는 사람도 있다. 1974년 에티오피아 아파르 계곡에서 루시로 명명된 90cm 정도의 작은 키와 침팬지보다 더 가벼운 몸무게의 여자 성인 화석이 발견되었다. 약 350만 년 전에 살았던 것으로 밝혀진 루시와 같은 특징을 가지는 화석들은 오스트랄로피테쿠스 아파렌시스라고 명명되었다. 오스트랄로피테쿠스 아파렌시스의 머리뼈 모양은 현생인류보다는 침팬지에 가까웠지만 팔다리의 뼈는 현생인류와 비슷했다.

오스트랄로피테쿠스에는 오스트랄로피테쿠스 아파렌시스 외에도 오스트랄로피테쿠스 아프리카누스, 파란트로푸스로 분류되기도 하는 오스트랄로피테쿠스 로부스투스, 100만 전에서 60만 년 전 사이에 나타났으며 진잔트로푸스 보이세이라고 분류되기도 했던 오스트랄로피테쿠스 보이세이 등 여러 종이 있다. 오스트랄로피테쿠스는 주로 수렵과 채집 생활을 했고 간단한 도구를 사용했다. 초기에는 나무나 뿔, 뼈 등을 사용했지만 후기에는 단순한 형태의 석기를 사용했다.

약 250만 년 전부터 130만 년 전 사이에 살았던 호모하빌리스의 화석은 동아프리카와 남아프리카의 여러 유적지에서 발견되었다. 호모하빌리스는 '손을 사용한 사람'이란 뜻이다. 호모하빌리스는 오스트랄로피테쿠스에 비해 머리 크기가 컸고 이마는 그리 튀어나오지 않았다. 후두부의 뼈는 구부러져 있었고, 이빨 크기는 오스트랄로피테쿠스와 비슷했다. 학자들 중에는 호모하빌리스를 오스트랄로피테쿠스에 포함시켜야 한다고 주장하는 사람들도 있다.

'선 사람'이란 뜻의 호모에렉투스는 160만 년 전부터 25만 년 전까지 전 세계적으로 분포하였으며 일반적으로 호모 사피엔스의 직계 조상으로 간주된다. 1891년에 인도네시아의 자바에서 자바원인이라 불리는 최초의 호모에렉투스 화석이 발견되었고, 1914년에는 중국 베이징 부근에서 베이징원인, 1936년에는 아프리카 탄자니아의 올두바이에서 아프리칸트로푸스, 1951년에는 중국 란텐의 란텐원인 등 세계 각지에서 호모에렉투스의 화석이 발견되었다. 발견된 곳의 지명을 따라 여러 가지 이름으로 불리던 이 화석인류는 현재 모두 호모에렉투스로 분류된다.

호모에렉투스는 현대인과 거의 비슷한 체형을 갖고 있었다. 거의 완벽한 표본이 발견된 베이징원인의 키는 150~160cm였으며, 뼈의 크기가 굵고 단단했다. 인도네시아의 자바에서 발견된 자바원인의 화석들은 가는 체형에 키는 대략 170cm 전후였다. 호모에렉투스의 두개골은 달걀형이고 뒤통수뼈가 튀어나와 있었다. 이마는 뒤로 꺼졌으며, 눈썹뼈의 돌출이 심했다. 이빨은 현대

호모에렉투스 분포지역.

인과 같은 배열이고, 이빨 사이의 틈이 없었다. 이빨 형태는 앞선 인류에 비해 작았으나 현대인에 비해 크고 튼튼하다. 호모에렉투스의 지능이나 정신연령은 현대인의 영유아 수준이었던 것으로 보고 있다. 또 주먹도끼, 돌도끼, 발달된 형태의 찍개와 같은 도구를 사용했으며, 불을 사용했던 것으로 보인다.

40만 년 전에서 25만 년 전 사이에 나타나 3만 5000년 전까지 살았던 호모사피엔스는 호모에렉투스와 유사한 특징을 많이 지니고 있지만 몇몇 형질적 특징에서 현대인에 보다 가까이 접근한 고인류이다. '슬기로운 사람'이란 뜻의 호모사피엔스는 인도네시아, 중국, 아프리카, 유럽 등 세계 여러 지방에서 비슷한 시기에 등장했으며 최초의 호모사피엔스는 후기 호모에렉투스와 상당한 시간 동안 공존했다. 호모사피엔스는 호모에렉투스와 두개골의 용량과 형태 그리고 안면부의 형태에서 현저한 차이를 보이지만 치아의 구조는 비슷했다.

호모사피엔스는 주거지 부근에서 구할 수 있는 모든 종류의 자원을 이용했던 것으로 보인다. 약 30만 년 전에 형성된 스페인의 토랄바 유적에서는 불을 사용하여 큰 동물을 늪지에 몰아 사냥한 후 사체를 해체하여 생활 근거지로 되돌아온 흔적을 발견할 수 있다.

호모사피엔스는 단편적이기는 하지만 예술 행위나 상징 행위도 했던 것으로 보인다. 테라 아마타에서 발견된 안료 덩어리는 신체를 장식하는 데 사용되었던 것으로 보이며, 페슈 드라제^{Pech de L'aze} 유적에서 발견된 석판 조각도 예술 행위에 이용되었던 것으로 추정된다. 프랑스 라제레 동굴 유적에서는 주거지 출입구에 배치한 늑대의 머리뼈가 발견되었는데 이는 그들이 했던 상징적인 행위의 일면을 보여주는 것이다.

1856년 독일 네안데르 계곡에서 발견된 네안데르탈인은 호모사피엔스에 속한다. 네안데르탈인들이 최근에 살았던 인류이고, 매장 풍습을 가지고 있었

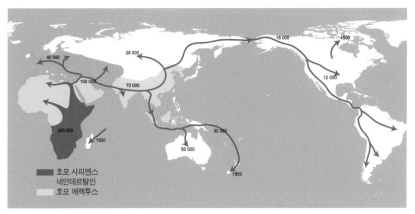

호모사피엔스의 이동 경로.

기 때문에 비교적 상태가 좋은 네안데르탈인들의 화석이 많이 발견되었다. 네안데르탈인의 평균 키는 2m가 안 되었고, 짧은 사지를 가지고 있었으며, 추운 기후에 잘 적응했다. 이들의 두껍고 무거운 뼈에는 강력한 근육이 붙어 있었다. 네안데르탈인의 뇌는 현대인들의 뇌보다 컸고, 두개골은 앞뒤가 길었으며 앞이 둥글지 않았다.

네안데르탈인과 현대인인 호모사피엔스의 해부학적 구조가 매우 비슷해 1964년에는 네안데르탈인이 현대인과 다른 종이 아니라는 주장이 제기되기도 했다. 그러나 현대인과 네안데르탈인은 서로 다른 아종인 호모사피엔스사피엔스와 호모사피엔스네안데르탈스라고 분류하기도 했다. 1970년대와 1980년대에는 현대인과 네안데르탈인을 두 아종으로 보는 의견이 우세했지만 이후에는 다른 종으로 보는 의견이 널리 받아들여졌다. 어떻게 보든 네안데르탈인은 현대인과 아주 가까운 친척인 것은 사실이다.

그렇다면 네안데르탈인에게는 무슨 일이 있었을까? 아직 아무도 이 문제의 답을 알지 못한다. 이미 네안데르탈인들이 자리 잡고 있던 유럽에 크로마뇽인들이 도착한 것은 4만 년 전이었다. 두 인류는 1만 년 정도 공존했다. 그 후

네안데르탈인은 멸종되었거나 크로마뇽인에게 동화되어 흡수되었을 것이다.

호모사피엔스사피엔스는 현생인류의 조상으로 '슬기롭고 슬기로운 사람'이라는 뜻이다. 호모사피엔스사피엔스는 약 5만 년 전에서 4만 년 전 사이에 출현하여 후기 구석기 문화를 발달시켰다. 호모사피엔스사피엔스의 화석은 지구 여러 지역에서 발견된다. 1868년 프랑스 남부에서 처음 발견된 크로마뇽인의 화석은 유럽에서 발견된 가장 대표적인 호모사피엔스사피엔스의 화석이다. 이들은 4만 5000년 전부터 1만 년 전 사이에 살았으며 인간이나 동물의 모습을 동굴 벽에 그리거나 조각상을 만들었다. 1901년 프랑스와 이탈리아의 국경 지대인 그리말디의 동굴에서도 호모사피엔스사피엔스의 화석이 발견되었다. 1933년 중국 베이징의 저우커우뎬에서 발견된 산딩둥인 화석은 아시아 지역에서 발견된 대표적인 호모사피엔스사피엔스의 화석이다. 이들은 오늘날 동아시인들과 유사한 특징을 가지고 있다. 가느다란 섬유로 의복을 만들어 입었으며 상당히 발전된 수준의 장식품 제조 기술을 지니고 있었다. 일본 오키나와 현의 미나토가와에서도 후기 구석기시대에 살았던 호모사피엔스사피엔스의 화석이 발견되었다.

호모사피엔스사피엔스의 두뇌 크기는 호모사피엔스와 큰 차이가 없거나 오히려 작았지만 지능은 급격히 높아서 정교한 석기와 골각기를 만들어 사용했고, 벽화와 같은 예술 작품을 제작하는 등 문화를 발전시켰다.

홀로세 대멸종

(1만 1000만 년 전~현재)

　제3기 말에 지구상에 등장한 인류는 플라이스토세 빙하기를 거치는 동안 간단한 도구를 사용하여 주로 수렵과 채취를 하던 구석기 문명을 발전시켰다. 그러나 플라이스토세 빙하기가 끝나고 후빙기가 시작된 홀로세에는 목축과 경작을 하는 신석기 문명을 시작으로 현대 문명을 발달시켰다. 인류문명은 지구 환경을 크게 변화시켜 지구에 사는 동물군과 식물군에 많은 영향을 주고 있다. 과학자들은 현재 인류의 문명 활동의 영향으로 많은 식물과 동물이 멸종하고 있다고 주장하고 있다. 인류의 활동으로 많은 생명체들이 멸종하는 현재 진행 중인 멸종 사건을 홀로세 대멸종이라고 부른다. 홀로세 대멸종은 지구 역사에 있었던 다섯 번의 대멸종 사건에 이은 여섯 번째 대멸종이라고 할 수 있다.

　홀로세 대멸종이 언제 시작되었는지에 대해서는 학자들 사이에 의견이 일치하지 않고 있다. 일부 학자들은 현생인류가 아프리카를 떠나 다른 대륙으로 진출하기 시작한 20만 년 전에서 10만 년 전 사이에 홀로세 대멸종이 시작되었다고 주장하고 있다. 오스트레일리아에 인류가 진출한 후 많은 거대 동물이 멸종한 것은 이런 주장을 뒷받침하고 있다. 뉴질랜드나 마다가스카르에 새로운 포식자가 등장한 후에도 많은 동물들이 멸종되었다. 우리나라 생태계에 외래종이 유입되어 생태계가 혼란을 겪는 것도 이런 주장에 힘을 보태고 있다. 인류는 지구 역사상 등장했던 포식자들 중에서 가장 강력한 포식자로 지구 먹이사슬에 큰 영향을 주었다.

인류 문명이 발전하면서 홀로세 대멸종도 빠르게 가속되어 지난 2세기 동안에 가장 많은 동물과 식물이 멸종했다. 인류 문명은 여러 가지 방법으로 지구 환경에 영향을 주고 있지만 가장 중요한 것은 온실기체의 증가로 인한 급격한 기후 변화, 해양 오염과 지나친 어획으로 인한 해양 생태계 파괴, 경작을 위한 자연 생태계 파괴이다. 현재 얼음으로 덮여 있지 않은 육지의 약 13%는 경작지로 사용되고 있고, 약 26%는 가축을 기르기 위한 목축지로, 그리고 약 4%는 인류의 주거지로 사용되고 있다. 이 밖에도 열대 우림의 파괴, 교통수단의 발달로 외래종의 도입 증가, 질병의 확산 등도 홀로세 대멸종의 원인으로 거론되고 있다.

자연과 자연 자원 보호를 위한 국제기구의 조사 보고서에 의하면 1500년에서 2009년 사이에 875종의 생명체가 멸종했다. 그러나 여기에는 지구 생명체 종들 중 가장 많은 부분을 차지하는 미생물의 멸종이 포함되어 있지 않고, 고등생물의 많은 종들도 조사부족으로 포함되어 있지 않아 실제 멸종된 종의 수는 이보다 훨씬 많을 것으로 추정되고 있다. 일부 과학자들은 현재 매년 약 14만 종의 생명체가 멸종하고 있다고 주장하고 있다. 이런 멸종 속도는 이전에 있었던 대멸종 시의 멸종 속도보다 10배 내지 100배나 빠른 속도이다. 홀로세 대멸종에는 이전 대멸종 시기에는 없었던 식물의 대규모 멸종도 포함되어 있다.

일부 학자들은 이런 속도로 멸종이 진행된다면 앞으로 100년 안에 고등생명체의 반이 멸종할 것이라고 경고하고 있다. 1998년에 미국 자연사 박물관이 생물학자들을 상대로 한 여론조사 결과에 의하면 생물학자들의 70%가 현재 지구는 대멸종 사건의 한 가운데 있다고 믿고 있다.

플라이스토세 말부터 많은 거대 동물이 멸종하는 멸종사건이 시작되었다. 거대 동물이라는 말은 여러 가지 다른 뜻으로 사용되고 있지만 일반적으로는 인간보다 몸집이 큰 육상 야생 동물을 뜻한다. 플라이스토세 말부터 시작된 거대 동물의 멸종 원인으로는 전염병의 확산, 기후 변화, 인류의 사냥 등이 꼽히고 있다. 그러나 질병의 확산보다는 기후 변화나 인류의 사냥을 더 가능성 있는 원인으로 보고 있다.

한때 모든 대륙에서 발견할 수 있었던 거대 야생 동물 군집 지역을 이제는 아프리카에서만 찾아볼 수 있다. 인류가 전 지구로 진출하면서 거대 야생 동물이 빠르게 사라져 가기 시작한 것으로 보인다. 인류는 먹이사슬의 정점에 있는 최상위 포식자를 사냥하여 전체 먹이사슬을 크게 바꾸어 놓았다. 그러나 남아메리카에서는 인류가 진출하기 전에 이미 거대 야생 동물의 상당수가 멸종 했다. 인류 문명이 거대 야생동물 멸종의 원인이라고 주장하는 과학자들은 인류 문명으로 인한 전 지구적 기후 변화가 남아메리카의 거대 야생 동물을 멸종시켰다고 주장하고 있다.

인류 문명이 지구 기후 변화에 언제부터 영향을 주기 시작했는지 알아내기 위해 과학사들은 님극 대륙의 얼음 샘플에 포함된 이산화탄소와 메탄 양의 변화를 조사했다. 이런 조사 결과에 의하면 홀로세 초기인 11000년 전에 이미 이산화탄소와 메탄 기체 양의 변화가 이전과는 다른 형태를 보이기 시작했다. 플라이스토세 빙하기의 마지막 빙기 동안에는 이산화탄소의 양이 크게 줄어들었지만 8000년 전에는 이산화탄소의 양이 크게 늘어났고, 3000년 전에는 메탄의 양이 크게 늘어났다. 홀로세 초기의 기후 변화는 플라이스토세 빙하기의 마지막 빙기가 정점에 있던 15000년 전과는 다른 양상을 보인다. 11000년 전부터 빠르게 오르기 시작한 지구 평균 온도는 1만 년 전에서 5000년 전 사이에 가장 높아 산업혁명이 시작되기 직전보다 1 내지 2℃ 정도 높았다. 이 기간은 고대 문명이 발전하기 시작한 기간과 일치한다.

학자들은 플라이스토세 말기에 줄어들던 이산화탄소의 양이 홀로세에 증가하게 된 것은 인류의 활동 때문이라고 설명한다. 이것은 산업 혁명 이후 대기 중 이산화탄소의 양이 급격하게 증가했다는 기존의 학설과는 다른 결과이다. 물론 산업 혁명 이후 대기 중 이산화탄소의 양이 크게 증가했고, 지구 온난화가 가속된 것은 사실이지만 그 보다 훨씬 전부터 인류는 지구 기후 변화에 큰 영향을 끼치고 있었던 것이다. 신석기 시대와 함께 시작된 농경과 목축이 지구 기후 변화의 원인을 제공했을 것이다.

과학자들은 인구수와 지구 환경에 주는 영향이 비례하지 않는다고 설명한다. 인류가 경작을 처음 시작하던 홀로세 초기에는 인구수가 적었지만 농경 기술이 발달하지 않아 단위 면적당 수확량이 적었기 때문에 경작을 위해 더 많은 숲을 태워 경작지로 바꿨다는 것이다. 그러나 경작 기술이 발달하면서 단위 면적당 수확량이 늘어나자 작은 경작지로도 더 많은 사람들을 먹여 살리는 것이 가능해졌다. 하지만 급격한 인구 증가는 경작 기술의 발달만으로 감당할 수 없게 되어 더 많은 생태계 파괴를 불러오게 되었다.

홀로세의 기후 변화와 그로 인한 멸종이 인류의 활동으로 인한 것이 아니라 태양 복사열의 변화와 같은 다른 원인으로 설명하려는 학자들도 있다. 홀로세에 형성된 해양 퇴적층을 조사한 과학자들은 홀로세 초기에 해수면이 현재보다 훨씬 높았다는 것을 발견했다. 따라서 홀로세의 기후 변화를 이해하기 위해서는 해수면 변화의 원인과 해수면의 변화가 끼친 영향을 이해해야 한다고 주장하고 있다. 홀로세 초기에는 나일 강이 현재보다 더 길고 컸으며, 사하라는 훨씬 더 비옥한 곳이었다. 기후 변화의 원인을 인류 활동 때문이라고 주장하는 학자들은 나일 강과 사하라의 변화가 더 많은 열대 우림의 파괴를 불러왔고 그로 인해 기후 변화가 가속되었다고 주장한다. 그러나 이러한 변화는 매우 복잡해서 하나의 원인으로 모든 것을 설명하기는 어렵다.

하지만 인류의 활동이 지구 구석구석까지 영향을 미치고 있다는 것은 굳이 과학적 조사 결과를 인용하지 않더라도 누구나 알 수 있는 사실이다. 인류의 활동으로 대멸종이 진행되고 있다는 사실을 받아들이고 싶지 않지만 우리는 그것을 피부로 느끼고 있다. 인류세를 도입해야 한다는 주장에 쉽게 공감하는 것은 그 때문이다.

과연 인류는 지구의 미래를 어떻게 바꾸어 놓을까? 홀로세에 진행되고 있는 대멸종의 끝은 무엇일까? 어떤 과학자는 인류가 지구 하나에 의존해서는 미래가 없다고 했다. 따라서 인류가 미래에도 계속 존재하려면 우주로 진출해야 한다고 주장하고 있다. 몇 만 년 후 인류는 황폐화된 지구를 버리고 우주 공간에서 살아가고 있을까? 인류가 지구 환경을 더 잘 이해하게 된다면 지구 상의 모든 생명체들과 공존하는 방법을 찾아낼 수 있을까?

찾아 보기